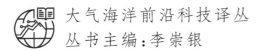
大气海洋前沿科技译丛
丛书主编：李崇银

Springer

U0175378

海洋—大气微波辐射：

边界热与动力相互作用

（第二版）

Alexander G. Grankov
Alexander A. Milshin
著

杜华栋　钟　玮　丁锦锋　译

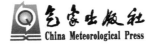
气象出版社
China Meteorological Press

内容简介

本书讨论了利用卫星被动微波辐射遥感资料，分析海气界面上热力学变量和动力学过程的方法，并给出了大量新颖和有启示性的结论。分析的变量和过程所针对的时间范围覆盖了中尺度、天气尺度、季节性尺度以及年际变化。本书可作为高等院校气象海洋专业及相关专业人员学习卫星遥感资料在大气海洋科学中应用的教科书，也可为广大从事海气相互作用及相关领域研究的科研人员了解和掌握利用微波遥感资料研究边界层热与动力相互作用提供参考。

First published in English underthe title

Microwave Radiation of the Ocean-Atmosphere

Boundary Heat and Dynamic Interaction (Second Edition)

Edited by Alexander G. Grankov and Alexander A. Milshin

Copyright © SPRINGER International Pulishing Switzerland 2016

This edition has been translated and published underlicence from Springer International Pulishing.
All Rights Reserved.

图书在版编目（CIP）数据

海洋-大气微波辐射 ：边界热与动力相互作用 ：第二版 /（俄罗斯）亚历山大 G.格恩恰罗夫，（俄罗斯）亚历山大 A.米尔申著 ；杜华栋，钟玮，丁锦锋译. -- 北京 ：气象出版社，2022.8

（大气海洋前沿科技译丛 / 李崇银主编）

书名原文：Microwave Radiation of the Ocean - Atmosphere Boundary Heat and Dynamic Interaction (Second Edition)

ISBN 978-7-5029-7756-6

Ⅰ. ①海… Ⅱ. ①亚… ②亚… ③杜… ④钟… ⑤丁… Ⅲ. ①海气相互作用－微波辐射 Ⅳ. ①P732.6

中国版本图书馆CIP数据核字(2022)第121162号

北京版权局著作权合同登记：图字01-2022-3639

海洋—大气微波辐射：边界热与动力相互作用（第二版）

HAIYANG—DAQI WEIBO FUSHE:BIANJIERE YU DONGLI XIANGHU ZUOYONG(DI－ER BAN)

出版发行：气象出版社

地　　址：北京市海淀区中关村南大街 46 号　　　　邮政编码：100081

电　　话：010-68407112（总编室）　010-68408042（发行部）

网　　址：http://www.qxcbs.com　　　　**E-mail**：qxcbs@cma.gov.cn

责任编辑：万　峰　　　　　　　　　　　　　　**终　审**：吴晓鹏

责任校对：张硕杰　　　　　　　　　　　　　　**责任技编**：赵相宁

封面设计：艺点设计

印　　刷：北京建宏印刷有限公司

开　　本：787 mm×1092 mm　1/16　　　　　　印　　张：9.5

字　　数：280 千字　　　　　　　　　　　　　彩　　插：4

版　　次：2022 年 8 月第 1 版　　　　　　　　印　　次：2022 年 8 月第 1 次印刷

定　　价：75.00 元

丛书序

    大气、海洋是我们人类生存和活动的主要空间。然而,近些年来环境污染加剧,对人类生存造成严重威胁;加之在全球变暖背景下,高影响天气事件频发、海洋生态环境恶化,更是对人类生产生活和财产安全构成重大威胁。对此,世界各国都越来越重视大气海洋环境的探索和研究,想法保护大气海洋环境的安全。为了更加精准地了解大气海洋环境的状态和演变,大气科学和海洋科学的学科融合不断加深,并在不断向与人类活动相关的圈层(陆地、生物、冰冻圈等)研究领域持续延拓。与此同时,新型探测装备、高性能计算、机器学习、大数据、数字孪生等新型技术在大气海洋环境科学领域的交叉更加广泛深入,涌现出了大量具有多学科背景的前沿理论和技术。

    为了加快对最新研究成果的认知,拓展学术研究和专业学习的视野,本丛书采用开放拓展的模式,聚焦当前以及未来大气海洋环境领域研究关注的热点和难点,如对全球自然环境和人类活动具有重要影响的北极环境及其变化问题、机器学习在大气海洋环境探测和预报研究中的应用问题、大气海洋边界层的信息获取和特征认识问题、气候变化及其影响问题等,选取近十年大气海洋环境研究领域具有前瞻性和交叉性的优秀英文研究专著进行翻译出版。本丛书对从事大气、海洋、计算机以及管理等学科领域的科研人员、教师和气象海洋业务领域的预报人员有极高的参考价值,也可作为高等院校本科生和研究生的学习参考。

李崇银

2021 年 10 月

前　言

　　2004 年,本书两位作者在俄罗斯基础研究基金会的支持下,由 Nauka 出版社出版了《海洋—大气系统自然微波辐射的关系》受到读者的广泛关注。为了深入探讨被动微波(microwave:MCW)辐射方法在海气相互作用中的应用,2010 年在前一本书的基础上,进行了扩充和修订,由 Springer 出版了英文版,并将书名改为《海洋—大气微波辐射:边界热与动力相互作用》。

　　关于微波辐射在地球系统中的应用,最经典的著作是 1974 年由 A Je Basharinov、A S Gurvich 和 E T Egorov 撰写的《地球行星系统的辐射》,正是这本专著使得基于地球和大气自然辐射的 MCW 辐射测量方法获得了认可和广泛使用。2000 年,Sovetskoe Radio 出版社出版了由 A G Nikolaev 和 S V Pertshev 合著的《热辐射定位(被动辐射探测定位)》,然而这本书却没有展示 1968 年在 Cosmos-243 卫星进行的辐射物理实验的结果。

　　在本书中,讨论了海气边界面上可使用卫星被动 MCW 辐射测量方法来进行分析的热力学变量和动力过程,这些变量和过程所覆盖的时间范围涵盖了中尺度(小时尺度)、天气尺度(周尺度)、季节性(月尺度)以及年际变化。海洋—大气相互作用过程作为季节和年际变化的主要原因之一,其观测和分析方法一直是全球变化研究计划(global change research program:GCRP)和地球观测系统(earth observing system:EOS)等国际科学计划的重要组成部分。为了能够准确获取全球海气边界的高分辨率表面热通量、水汽和动量,全球气候委员会组织了众多学术团体进行了科学周密的研究计划。参与的学术团体包括全球气候研究计划(world climate research programme:WCRP)的海气通量研究组(working group on air-sea fluxes:WGASF)、WCRP 全球能量和水分循环试验(global energy and water cycle experiment:GEWEX)辐射专题以及气候变化(climate variations:CLIVAR)科学指导组。其中 GEWEX 辐射专题和美国气候变率与可预测性(CLIVAR)学会制定了空间分辨率达到 1°、时间分辨率为 3～6 h 以及地面热量数值单个变量观测精度为 5 W·m^{-2} 的观测和研究目标。这些目标在俄罗斯海洋研究计划的专题和系统研究发展中也得到了体现。

　　在海洋上,观测手段和技术都十分匮乏。以往依赖船只和浮标的观测结果,无法提供研究和分析所需的时空分辨率,使得全球海洋和大气边界通量场的常规估计由于空间和时间取样不足而受到严重影响。少数以网络布设的观测体系能够满足区域的时空精度要求,如在墨西哥湾设计的由海洋赤道地区气象站(TAO/

TRITON)和浮标站组成的观测网,能够实现对该区域海洋表面参数的定期监测,并对近海表大气活跃地区热带气旋生成过程进行监测预警。

因此,卫星已成为对洋区以及海气界面观测和研究最重要的工具。卫星测量得到的参数,如感热和潜热的垂直湍流通量和动量通量,被认为是所谓的气候相关物理量。同时,从卫星观测参数中反演得到气候相关因子的物理要素,存在的主要问题是:海气系统(ocean-atmosphere system :SOA)强烈的 MCW 辐射所产生的信息,不仅出现在海气交界面(能量交换过程最活跃的区域),也会出现在大气高层。因此,在 20 世纪 80—90 年代,针对上述问题进行大量研究和试验后,卫星被动 MCW 辐射分析气候相关物理量已经成为认识海气界面物理过程的一种有效的工具(主要在美国、俄罗斯和德国)。在此之前,20 世纪 60—70 年代,研究成果主要体现在遥感数据的理论分析方法,以及利用飞机和浮动平台上获得的微波和红外观测数据对海气边界的热交换和水交换的初步分析。

到了 21 世纪,基于地球静止卫星和极地轨道卫星观测数据确定地球物理参数的方法得到飞速发展,主要集中在大气水分含量和辐射通量的观测反演上。例如,针对美国国家海洋和大气管理局(national oceanic and atmospheric adminis-tration:NOAA)极地轨道卫星一系列辐射计的反演方法以及基于这些方法得到的地球物理参数,已经能够达到与定点实地观测相当的精度。其中得到研究界广泛认可的包括针对 NOAA 先进的高分辨率辐射计(advanced very high resolution radiometer:AVHRR)、DMSP 项目的特殊传感器微波/成像仪(special sensor mi-crowave/imager :SSM/I)和搭载在热带降雨测量任务(tropical rainfall measuring mission :TRMM)卫星上的相关仪器开发的反演方法及其反演结果。

目前,研究界已经提出了各种估算 SOA 边界月平均潜热通量及其季节变化的方法。这些方法是基于卫星测量的 SOA 亮度温度与热量和水汽交换过程的最重要的物理参数(如海洋表面温度、近海面大气温度、湿度和风速等)之间直接(物理)或间接(相关)关系开发得到的。

然而,在检查 SSM/I 辐射计反演天气潜在通量效果的过程中,其研究结果并不令人鼓舞,说明在卫星被动 MCW 辐射方法在海洋—大气热量和动力相互作用研究的应用方面,还存在许多急需解决的关键问题,主要包括:

• 目前所使用的方法都是基于海洋和大气之间的热量和水分交换公式(体积公式)来计算近海面的空气温度和湿度,而这些参数与 SOA 亮温之间只是间接相关的。

• 通常情况下,只选择卫星特定的微波水汽吸收带测量得到的大气湿度特征,作为 SOA 亮温和表面热通量之间的中间特征量。

• 由于 SOA 亮温与表面热通量之间的关系是基于大气体积分量和近表面水汽的通用(气候)回归得到,具有静态特征,难以反映这些物理参数在快时间尺度大气热量和水汽传输过程(如垂直扩散、水平平流等)中的变化。

• 更重要的是,由于体积公式在锋面海洋区的适用性尚不清楚,海洋和气候遥感领域的专家没有考虑在海洋锋区使用卫星MCW辐射方法的可能性。

• 卫星被动MCW辐射方法在分析能量、大气边界层环流特征及其对SOA边界热量和水分交换影响等研究方向的潜力尚未得到充分研究。

• 此外,在海洋遥感领域通过被动辐射MCW、红外(IR)以及其他方法研究不同空间和时间尺度海洋和大气的热力和动力交互作用过程机制是本质,然而却是常常被忽略的关键科学问题。

上述情况在我们的前一本专著(Grankov and Milshin,2004)中都有涉及,同时前一本专著也是此前20年作者工作成果的集中整理。

2008—2011年,作者的研究范围拓展到利用MCW辐射方法研究了受中纬度气旋和热带气旋(飓风)影响下,洋区海气界面的热量与动力相互作用过程。在此期间主要工作包括:

• 分析水平(对流)热量交换在建立SOA自然MCW辐射强度与海洋—大气边界热量和水分交换强度关系中的作用。

• 研究热带气旋活动区域SOA的海洋、气象、高空和MCW辐射特征,并与北大西洋中纬度气旋影响区域进行了比较。

• 利用同步卫星MCW辐射测量和站点(浮标)气象测量数据分析气旋(风暴前)条件下洋面上的大气动力特征物理量及其能量。

• 通过卫星和站点(浮标)观测,研究确定近海面、边界和对流层大气热量和水分含量的具体方法。

上述工作的特点在于,基于SOA自然MCW辐射对大气近海表和边界层热特性变化的反应机制的理论研究成果,分析得到适宜的MCW辐射光谱间隔以及时空尺度,从而通过获取卫星测量数据的特定时空平均值,建立卫星测量得到的SOA亮温与系统边界热量和水汽交换强度之间的即时(直接)联系。

可见,大气边界层在本书中起到非常重要的作用,体现在:

(a)由于湍流混合过程,大气边界层参数与近表层($0 \sim 10$ m)参数密切相关,影响了大气边界层与海洋表面的热量和水汽交换强度。

(b)在这一层内,SOA自然MCW辐射是由于该区域以及邻近区域内,大气中的水汽对无线电波的吸收线(波长为1.35 cm)所形成的。

在很多会议和研讨中,作者经常被问及为什么在SOA区域,亮温和大气边界和近地表层的热过程之间观测到如此强的相关性,以及为什么海洋表面温度在天气尺度时空范围内对近地表热通量的影响如此微弱。这些问题的答案将在本书中给出。

作者的研究是在俄罗斯基础研究基金(编号94-05-16234a,1994—1995)、俄罗斯和美国空间研究机构(Rosaviacosmos and NASA,NAS 15-10110,1996—1997)的资助下完成的。随后,在国际科学技术中心(3827,2008—2011)的支持下，将研究结果应用于热带气旋形成区域 SOA 自然 MCW 辐射特征分析。

本书中关于水平对流热量传输在天气尺度时空范围内，对大气边界层熔与 SOA 亮温之间关系影响的研究，被选入 1998 年和 2012 年的俄罗斯科学院（Russian Academy of Sciences：RAS）年度报告。本书的主要研究工作是在俄罗斯科学院无线电工程与电子研究所进行的。非常感谢支持和参与研究工作的同事们，他们是 Armand A M Shutko，B G Kutuza，E P Novichikhin，N K Shelobanova，Ju G Tischenko，A B Akvilonova，N K Shelobanova，B Z Petrenko，B M Liberman，S P Golovachev。同时也感谢共同开展研究的合作机构和合作者，包括俄罗斯科学院 P P 希尔绍夫海洋研究所（P P Shirshov's Institute of Oceanology RAS，合作者 A I Ginzburg，S V Pereslegin 和 V N Pelevin），俄罗斯气象水文中心（Russian Hydrometcenter，合作者 Ju D Resnyaskii），俄罗斯航天飞行局（Rosaviacosmos，合作者 I V Cherny），俄罗斯科学院空间研究所（Institute of Space Research RAS，合作者 Yu A Kravtzov 和 Je A Sharkov），俄罗斯科学院水问题研究所（Institute of Water Problems RAS，合作者 G N Panin），计算数学研究中心（Institute of Numerical Mathematics，合作者 A I Chavro），以及莫斯科物理技术研究所（Moscow Physical and Technical Institute，合作者 P P Usov）。

感谢俄罗斯科学院 P P 希尔绍夫海洋研究所（S K Gulev）提供了 NEWFOUEX-88 和 ATLANTEX-90 试验的珍贵数据，以及 Marshall 太空飞行中心提供了美国 DMSP 气象卫星的长时间（10 a）MCW 辐射数据。正如 Joerg Schulz（德国）报告中提到的一样，北大西洋"M"点积累的海洋、气象和卫星观测数据，有助于加深对 SOA 亮温和中纬度边界热通量之间的依赖关系的理解。

需要再次强调的是，NEWFOUEX-88 和 ATLANTEX-90 试验数据的可靠性，使得海洋空基遥感领域的专家能够基于这些数据不断深化。

目　　录

第 1 章　卫星 MCW 辐射计的可用参数及其与海洋 —大气相互作用的关系

1.1　基于辐射测量的表面热通量分析方法

1.1.1　传统方法

在海洋—大气系统(ocean-atmosphere system：SOA)交界面热量交换过程的遥感领域中,SOA 自然微波(microwave：MCW)和红外(infrared：IR)辐射的特点是它不仅存在于近表面的大气层内(厚度为 10~20 m),同时也会影响更高层次(可以达到 2~5 km 高度),这些特征的信息获取取决于使用的卫星观测信息的光谱波段。因此,近年来提出了许多基于 MCW 和 IR 辐射测量来估计 SOA 交界面上的热通量的不同方法。例如,在反演海洋表层垂直温度廓线(梯度)的研究中,Khundzhua 和 Andreev(1973)提出利用振幅和符号来判断感热垂直湍流通量强度的方法。红外信息反演的有效性已经在大量实验室研究、固定的海岸点和浮动的海洋平台的观测中得到验证,这些结果与飞机测量的数据也非常一致(Bychkova et al,1988)。

Sharkov(1978)和 Mitnik(1979)对海洋次表层垂直温度廓线反演进行了理论研究,随后研究者们基于实验室结果,开发和测试了理想(平坦)和自然(波动)海面条件下水表垂直温度剖面的反演方法。

然而目前还没有理论可以证明 MCW 和 IR 的范围可以完全覆盖并确定根据卫星测量的海表垂直温度剖面而得到的热通量。现代卫星 MCW 和红外手段虽然已经能够对海洋表面温度(ocean surface temperatures：OST)进行较为精确的反演(精度达到 0.5~1℃ 范围内),但是仍然无法充分估计 OST 的量值及其变化。此外,利用 MCW 和 IR 方法通过大气主要成分(水汽和氧气)的局部辐射(吸收)带信息反演空气垂直温度和湿度廓线过程中,低光谱分辨率和辐射计灵敏度会影响反演精度。

因此,根据整体大气特征(平均高度)与其温度和湿度之间的统计相关性来确定热通量的方法则更具有应用前景,其中整体大气特征(平均高度)的变化可以通过卫星探测的 MCW 和红外数据精确计算得到。而这种相关性是由大气近表层和边界层内热量和水汽的湍流混合机制造成的。相对海洋而言,这些大气中的过程是非常典型和强烈的,并且每个月(或 10 a)都存在明显的平均变化,不受短期扰动影响。因此,基于 Nimbus 7、DMSP 和 NOAA 卫星 MCW 和红外被动辐射观测信息分析结果可以看出,对卫星辐射方法而言,反演 SOA 边界热通量的月平均效果最好。

基于全球体积大气动力学方法(global bulk aerodynamic method)的半经验公式(体积公式)可知,不同大气层温度和湿度的关系是利用卫星辐射数据分析 SOA 边界感热(q_h)和潜热(q_e)垂直湍流热通量的基础。在这种方法中,q_h 和 q_e 可由以下公式给出(Ivanov,1978;Lappo, et al. 1990)：

$$q_h = c_p \rho C_T (t_s - t_a) V \tag{1.1}$$

$$q_e = L\rho (0.622/P_a) C_E (e - e_0) V \tag{1.2}$$

从公式可以看出，q_h 和 q_e 的值取决于 SOA 的参数，如大气近表层的温度(t_a)、水汽压(P_a)和风速(V)，以及海表面的温度(t_s)及其最大值和大气湿度(P_a)。公式(1.1)和(1.2)中使用的参数包括施密特数(C_T)、道尔顿数(C_E)、蒸发比热(L)、定压空气比热(c_p)和空气密度(ρ)。

利用大气动力学方法还可以获得以湍流脉冲通量(动量)(q_v)为特征的海气动力相互作用强度之间关系的简单参数化方案，可采用如下计算式(Ivanov,1978；Lappo et al,1990)：

$$q_v = \rho C_V V^2 \tag{1.3}$$

其中 C_V 为拖曳系数。

通过式(1.1)～式(1.3)，不仅能够确定"瞬时"热通量和动量通量，而且还可以确定相当长一段时间内的平均热通量和平均动量通量。例如，可以使用 t_s、t_a、e 和 V 的月平均参数作为输入数据来估计月平均热通量和月平均动量通量(Ariel et al,1973；Esbensen and Reynolds，1981；Larin,1984；Gulev,1991)。

基于全球体积大气动力学方法得到的上述特性，引起了海洋、气象和气候等领域对遥感信息(尤其是近地表气温 t_a 和湿度 e)感兴趣的研究者的关注。然而，这种方法是有其自身局限性。例如，参数 t_s、t_a 和 e 的水平梯度不能超过它们的临界值(Lappo et al,1990)。因此，在具有明显的地球物理和亮温时空差异的海洋锋区，这种方法实现的可能性尚不明确。

由式(1.1)～式(1.3)可以看出，海面温度 t_s，近海面气温 t_a、湿度 e 和风速 V 是影响海气交换的主要因素。t_s 和 t_a 参量可以直接从卫星 MCW 辐射测量中估算获得。因此，为了计算 t_a 和 e 参量，需要使用这些参量与 SOA 自然 MCW 和 IR 辐射强度之间的一些相关关系，而这些关系仅在某些特定光谱区间内能够表现出来。

随后，研究者们在卫星 MCW 和红外方法估计海洋和大气之间的热力和动力相互作用特征的应用方面开展了广泛的研究分析。例如，Dymnikov 等(1984)提出了与 SOA 辐射平衡密切相关的一些海洋层参数的近似估计关系。Grishin 和 Lebedev(1990)发现，当应用体积公式估算通量 q_h、q_e 和 q_v 时，参数 t_s、t_a、V 和 e 的误差最大，这一结果对于海洋学家和气候学家来说，有助于理解现代卫星 MCW 和红外辐射测量仪器的可用性。Taylor(1984)分析了北部海域 JASIN 实验中卫星获得的月平均热通量和月平均潜热通量及其采样频率，结果表明，基于每 12 h 卫星观测到海洋信息数据，热通量测定参数 q_h 的相对误差约为 10%，参数 q_e 的相对误差约为 30%。

在世界海洋的各种物理和地理区域内，来自 Nimbus 7、DMSP(微波)和 NOAA 卫星(红外)的实验观测结果也证明了这种方法的有效性(Schulz et al,1997；Grankov et al,1999a,1999b；Liu,1995；Grassl et al,2000)。例如，对于选定的卫星数据(1987 年 9 月的全球海洋数据，Schulz et al,1997)，2°×5°区域内月平均潜热通量的均方根估计约为 15～30 W·m^{-2}。在1994 年 2 月北大西洋的能量活跃区(Grankov et al,1999a,1999b))和太平洋热带区域(Liu,1995)也得到了类似的结果。

在遥感过程中，考虑热过程和海洋—大气动态相互作用特征是非常重要的。Grassl 等(2000)基于卫星 MCW 和红外测量结果，收集整理了在 1987 年 7 月—1998 年 12 月月平均感热通量和潜热通量的网格分布数据集，以及全球海洋 SOA 的典型参数分布。俄罗斯科学院空间研究所 E. Sharkov(Sharkov,1998,2012)介绍了卫星 MCW 辐射测量方法在研究热带海洋区 SOA 热相互作用中的应用。

然而,使用全球体积大气动力学方法来反演热量和水汽交换的天气尺度变化仍然存在一些问题,且这些变化可能随季节变化而有所不同。根据经验,其主要原因是:

1. 当考虑的系统过程从季节尺度向天气尺度移动时,不同大气层上气温和湿度之间的关系会减弱,因此,公式(1.1)和 (1.2)中参数 t_a 和 e 的精度会随着时间尺度的缩短而降低。

2. 近表层大气风速、大气云量和降雨等因素原则上不利于卫星对 OST 的估计,而这些因素在天气时间尺度范围内的作用已经变得非常明显。

3. 公式(1.1)和(1.2)中系数 C_T 和 C_E 的模糊性在天气尺度上比季节尺度上表现得更为明显。

为了解决这些问题,对公式(1.1)和(1.2)进行了一些改进。这些修正考虑了北大西洋和太平洋近表层空气湿度 e 和大气总(积分)水汽含量 Q 之间的密切关系(Schulz et al,1997),里海区域的参数 t_a 和 t_s(Il'yin et al,1986;Panin 1987),以及北大西洋纽芬兰活跃带的参数 t_a、e 和 Q(Grankov and Novichikhin,1997)。

1.1.2　直接特征法

所谓直接特征法,是利用卫星 MCW 和红外辐射观测量作为海洋和大气之间热动力相互作用的直接特征来进行地球物理参数的估算。这一想法首先是在"RAZREZY"计划中,基于海洋—大气热平衡的角度讨论了对卫星观测的要求时提出的(Dymnikov et al,1984),随后从天气预报的角度也提出了类似的想法(Eyre and Lorence,1989)。此外,Lapshin 和 Ragulin (1989)的研究也表明,SOA 的自然 MCW 辐射强度(亮温)在厘米级波长范围内可以直接表征海洋和大气通过 CO_2 组分产生交换的强度(速率)。

实际上,前文提出的卫星 MCW 辐射的两种应用方法都是符合实际情况的。在第一种情况下,传统方法通过获取近表层空气湿度和温度特征,并计算 OST 和近地表风速,来确定海洋—大气的热力和动力相互作用。这个方法的物理概念对海洋学家来说更方便、更清楚。而另一种情况,这种方法将遥感数据直接用于地球物理参数(近表层空气湿度、温度和风速等)的计算,从而直接得到体积公式中所需的重要因子(Reutov and Shutko,1987;Reutov,1989)。然而,直接特征法忽略了一些因子的细节特征,如这些参量的垂直分布等。

为了解决这一问题,可以通过科学试验的方法来确定提取(反演)过程中部分关键因子的部分特征(如近表层气温、湿度、风速等),以及可直接使用辐射特性,如强度、散射、自然界系统的整体性极化电磁特性(Reutov and Shutko,1987)。Reutov(1989)研究也表明,厘米和分米级的 SOA 亮温与土地干燥辐射指数存在密切的相关性。此外,还可以将卫星测量到的亮温与能量活跃区(energy-active zones:EAZOs)大规模海洋—大气热相互作用的强度联系起来(Grankov and Shutko,1992a;Grankov and Usov,1994),并将这个关系用于估计天气尺度以内的总通量(包括感热和潜热)的时空变化(Grankov and Resnjanskii,1998;Grankov and Milshin,1999;Grankov et al,1999a,1999b;Grankov et al,2000,Grankov et al,2002),以及北大西洋中高纬度地区其月平均量的多年变化特征(Grankov and Milshin,2001)。

综合以上研究成果,直接分析 SOA 界面热湿交换的卫星 MCW 辐射方法应遵循以下原则:

1. 所使用的方法必须基于具有明确物理意义的 SOA 的辐射特性和边界热力过程之间的相互关系模型,同时该模型中转换参数的数量应保证最少,换句话说,应使用这些关系的最简单的参数化模型。

2.作为一种理想且有效的方法，这些模型包括的海洋和大气参数需要是可用于卫星 SOA 遥感方法。因为与系统的其他参数相比，这些参数能够为 SOA 的自然 MCW 和 IR 辐射提供强响应信息，并且在遥感方法中发挥重要作用。

3.所使用的参数必须具备适应世界海洋不同区域、不同季节特征的通用性。同时，这些模型也必须能够适用于气旋和锋区。此外，基于海洋—大气热量和水分交换的经典理论，可以使用从卫星和船只测量收集的气候数据来进行分析。

根据上述原则，目前已经开展了大量研究工作。Grankov 和 Usov（1994）验证了在特定类别（或间隔）上 SOA 月度平均值亮温的季节性变化与海洋—大气温差 $\Delta t = t_s - t_a$ 之间存在密切关系。这一成果被认为是在海洋—大气热量和水分交换界面（至少在高纬度洋区上）的一个关键特征（Shuleikin，1968；Nikolaev，1981）。用基于墨西哥湾流活跃区气候平均水文气象数据集计算得到的 Δt 与 MCW 估计值建立的回归关系表明，相关系数 r 约为 0.92，均方根偏差 σ 约为 0.6℃。值得注意的是，对 OST 的月均值（参量 t_s）进行单独估算的精度仅为 1℃ 左右（详见第 3 章）。因此，与单一测定 t_s 和 t_a 的方法相比，直接特征法具有明显的精度优势。

此外，Grankov 和 Shutko（1992a）提出了通过分析垂直湍流热通量年平均特征及其年变率来直接使用卫星微波数据观测信息的方法。这种方法采用了 lapo 等（1990）提出的热通量计算方法，不仅考虑了参数 t_s 和 t_a 的月平均值及其年际振幅，还考虑了它们之间的时移估计。如果以 $t_s - t_a$ 周期环的形式画出线（或位相）轨迹，这种方法会更有意义。这些周期环的几何特征（如形成和方向）及其与理想形状（矩形）之间的区别，能够估计世界海洋不同区域的年热通量，并评估它们的年际变化。该方法的优点是能够削弱各种观测噪声的影响，同时对热通量的最终估计结果中不仅能包括相互独立的卫星观测信息，同时可以考虑一般性（或季节性）的变化趋势。实际上，类似的方法在无线电工程和无线电定位领域已有应用，适用于在较低的水平上与噪声信号进行对比的情况。研究表明，在这种情况下，除了信号的振幅（强度）信息，其他信号特征（如频谱形式、能量和时间延迟等）也可作为有效信息进行使用（Kharkevich，1962；Frenks，1969）。

直接使用卫星 MCW 辐射测量来分析 SOA 界面的热量和水汽交换的方法也适用于天气尺度系统。也就是说，这种方法在气旋区，以及在无法有效使用传统方法和仪器的水文和大气锋面地区都可以使用。该方法也可用于分析北大西洋墨西哥湾流、纽芬兰和挪威 EAZOs 的参数 q_h、q_e 和 q_{he} 的月平均值的气候变化。

1.2 基于卫星 MCW 辐射学的 SOA 的热交换系数计算方法

1.2.1 卫星 MCW 辐射学的发展历史

对于卫星被动 MCW 辐射测量来说，一次只能选择一行 SOA 参数供直接访问。在影响 SOA 界面热力和动力过程形成的参数中，海洋表面温度和近表层风速起着非常重要的作用。因此，从卫星 MCW 辐射数据中反演这些参数对于研究海洋—大气相互作用具有重要的理论意义和实际意义。

这个问题已经成为俄罗斯各主要研究中心相关领域研究者关注的重点科学问题。参与研究的单位包括俄罗斯国家科学院（Russian Academy of Sciences；RAS）莫斯科和弗里亚济诺分部、放射物理学研究所(诺夫哥罗德)、俄罗斯国家科学院大气物理学研究所(莫斯科)、塞瓦斯托波尔海水文物理研究所(乌克兰科学院)、俄罗斯国家科学院空间研究所(莫斯科)、Voejkov 地球物理天气观测台(圣彼得堡,俄罗斯水文气象服务)、俄罗斯国家科学院希尔绍夫海洋研究所(莫斯科)和自然科学探索研究中心(莫斯科,俄罗斯水文气象服务)等。

对相关科学问题的研究兴趣产生了大量国内外理论和实验研究的专著(Nikolaev and Pertshev,1964;Basharinov et al,1974;Bogorodskii et al,1977;Twomey,1977;Kondratèv and Timofeev,1978,1979;Ulaby et al,1981,1982,1986;Tsang et al,1985;Nelepo et al,1985;Shutko,1986;Kochergin and Timchenko,1987;Bychkova et al,1988;Chavro,1990;Kondratèv et al,1992;Raizer and Cherny,1994;Cherny and Raizer,1998;Sharkov,2007;Grankov and Milshin,2010;Armand and Polyakov,1985,2005)。1967 年 Sergey V. Pereslegin 在其先驱著作中致力于分析卫星观测到的海洋表面温度和亮温对比之间的关系,为推动卫星被动 MCW 辐射方法理论和实践研究做出了重要贡献。本节则简要回顾了海表亮温与其热力(温度等)和动力(近表层风速等)特征量之间的关系。

1.2.2　自然微波辐射与海洋表面温度的关系

利用卫星被动 MCW 辐射方法计算 OST 的效果(除了噪声温度的影响取决于自然 MCW 辐射强度(亮温,T^b)对 OST 变化(Δt_s)的灵敏度($q^t = \Delta T^b / \Delta t_s$),及其对近表层风速以及其他大气参数的影响特性。然而,在提取 SOA 亮温中与 OST 变化相关的信息时,需要解决其背景场会在水表粗糙度、水面覆盖飞沫、大气云量以及降水强度的影响下出现变化的情况(Basharinov et al,1974;Shutko,1986;Grankov and Shutko,1992b)。

由图 1.1 可知,参数 q^t 的值在厘米级波长范围内存在最大值,且在波长 8.5 cm 处,观测到 SOA 亮温(数据来源于俄罗斯卫星 Cosmos-243)与该点 OST 估计值之间存在明显的线性关系(见图 1.1 和图 1.2)。同时,卫星估算 OST 的量值对 SOA 边界上的风所激发的水态尤其重要(敏感),这主要有两个可能原因:

(1)水面粗糙度引起了明显的亮温差,这与 OST 变化所引起的亮温差是相当的。

(2)近表层风速和 OST 对厘米波段 SOA 亮温影响的光谱差异较小,因此,通过将波段从厘米级扩展到毫米级,即通过增加辐射通道的数量和增加辐射模型的复杂性,有可能提升其分辨率(Grankov and Shutko,1992b)。早在基于 Cosmos-243(1968 年)、Cosmos-1076(1979 年)、Cosmos-1151(1980 年)和 Nimbus 5(1979 年)卫星对海洋进行的第一次远程观测实验中,就使用了波段为厘米和毫米级的 4 个光谱通道。

即使在早期的遥感研究中,海洋表面的 MCW 辐射特征也与近表层风速存在密切的相关性。图 1.3、图 1.4、图 1.5 和图 1.6 展示了一些系统化实验数据的结果。图 1.3 显示了在厘米波段内亮温灵敏度对近表层风速变化($q^v = \Delta T^b / \Delta V$)的离散分布特征,并说明了不同实验中观察到的粗糙度和泡沫特性。图 1.4 则显示了极化系数 p 对参数 V 变化的敏感性在以下两种情况下的分布,即 $0 < V < 8$ m·s^{-1}(无泡沫覆盖)和 $8 < V < 25$ m·s^{-1}(有泡沫存在)。值得注意的是,微波辐射的极化特性能够提供关于海洋表面状态的额外信息。从图 1.4 可以看出,至少在波长为 3 cm、观测角度为 55° 的情况下,这些信息可以给出 4~5 个风速梯度。因此,这些数据可以作为参数 V 的一些基本值,如 OST 的平均气候状态等。图 1.5 和 1.6 则比较了由 Cosmos-243 卫星测量到的亮温差 ΔT^b 及其与风速 v 的散点分布特征。这些(或类似的)数据对于确定粗糙水面上由 OST 变化引起的亮温分量非常重要。

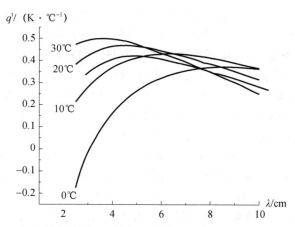

图 1.1　亮温对 OST 变化的敏感性（q^t）特征。计算过程中 OST 变化设定为波长（λ）的函数，且参数 t_s 分别取 0 ℃，10 ℃，20 ℃，和 30 ℃（引自 Grankov and Shutko，1980）

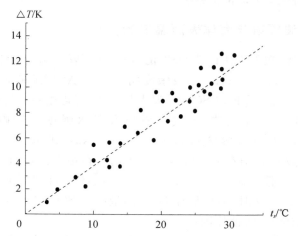

图 1.2　基于 Cosmos-243 卫星获得的 8.5 cm 波长处的亮温变化（$\triangle T$）与 OST（t_s）的函数关系（引自 Shutko，1986）

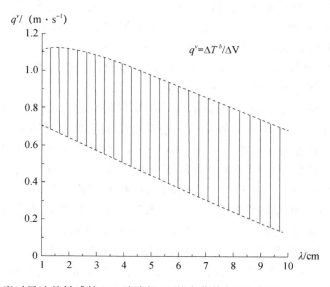

图 1.3　亮度温度对风速的敏感性（q^v）随波长（λ）的变化特征（引自 Grankov and Shutko，1980）

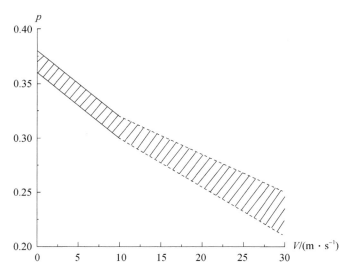

图 1.4　55°观测角度下 3.2～3.6 cm 波段偏振系数与近表层风速(V)的函数关系(引自 Shutko,1986)

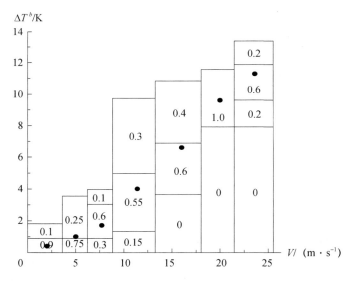

图 1.5　基于 Cosmos-243 卫星最低点观测得到的 8.5 cm 波长海洋表面
亮温差(ΔT^b)与风速(V)的函数关系直方图(引自 Shutko,1986)

1.2.3　海洋表面温度的估算精度

　　20 世纪 60—70 年代,针对基于卫星 MCW 辐射测量数据估算 OST 的准确性进行了大量的理论研究工作(Basharinov et al,1974;Wilheit 1978;Kondratèv and Timofeev,1979;Shutko and Grankov,1982;Nelepo et al,1985;Shutko,1985;Robinson,1985;Bychkova et al,1988)。表 1.1 中给出了基于厘米波段的卫星被动 MCW 辐射法得到 OST 的最小均方根误差(σ_T)。表中结果考虑近地表风速 V 和云中液态水含量的积分 W 等干扰因素,结果表明,如果风速值不超过 8 m·s^{-1}(海面无泡沫)和云含水量小于 0.2 kg·m^{-2}(少云),OST 计算的均方根误差达到误差阈值(即 SOA 亮温对 OST 变化的自然敏感度)的边界。只有在这种情况下,采用卫星手段提供的 OST 测定才达到可接受的精度要求。

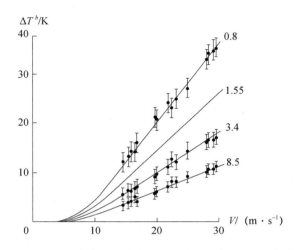

图 1.6 基于 Cosmos-243 卫星观测到的不同波长下海洋表面亮温差（ΔT^b）与风速（V）的函数关系，其中波长分别为 0.8 cm、1.55 cm、3.4 cm 和 8.5 cm（引自 Matveev，1971）

表 1.1 不同水面条件下 OST 测算的均方根误差 单位：℃

$W/(\mathrm{kg \cdot m^{-2}})$	$V/(\mathrm{m \cdot s^{-1}})$		
	$0<V<8$	$8<V<15$	$V>15$
$0<W<0.2$	0.6 (0.5)	1 (0.1)	—
$0.2<W<1$	0.8 (0.1)	1.2℃ (0.15)	—
$W>1$	—	—	1.2～2 (0.15)

注：括号内表示频率。（引自 Shutko，1986；Grankov and Shutko，1992b）

在比较复杂的天气条件下（即 $V>8$ m·s^{-1} 和 $W>0.2$ kg·m^{-2}），适当选择卫星 MCW 辐射测量信息，并对其进行长期平均，可以使 OST 的测定精度比表 1.1 中所示数据提高 1.5～2 倍（图 1.7）。这些结果与喷气推进实验室利用 NOAA、Seasat 和 Nimbus7 卫星的 AVHRR、HIRS/MSU 和 SMMR 辐射计所完成的大量研究结果是一致的（Hofer and Njoku，1981；Njoku et al，1985；Susskind and Reuter，1985；Bernstein and Chelton，1985；Hilland et al，1985）。30 年后，本书重现了这些研究的结果，因为这些结果完整证明了卫星 MCW 辐射测量法用于海洋表面温度测量的适应性。

表 1.2 总结了卫星被动辐射测量方法在海洋气候学研究中利用 SSMR（微波）、AVHRR（红外）和 HIRS/MSU（微波和红外）辐射计确定 OST 的有效性。Bernstein 和 Chelton（1985）通过考虑不同自然和地理海洋区域的大气海洋特征的差异性，并比较了该区域遥感数据与直接观测数据后，在时间间隔选择方面提出了有意义的研究结果。

表 1.2 卫星观测与 OST 区域月平均值的比较以及两者的均方根误差

卫星传感器	1979 年 11 月	1981 年 12 月	1982 年 3 月	1982 年 7 月
AVHRR				
平均值/℃	0.19	−0.30	−0.36	−0.48

续表

卫星传感器	1979 年 11 月	1981 年 12 月	1982 年 3 月	1982 年 7 月
均方根误差/℃	0.61	0.58	0.62	0.92
观测数量	723	729	795	644
HIRS				
平均值/℃	−0.04	0.13	0.30	−0.07
均方根误差/℃	1.01	0.89	0.97	0.69
观测数量	735	729	795	662
SMMR				
平均值/℃	0.52	0.72	−0.21	−0.43
均方根误差/℃	1.37	1.37	1.13	1.06
观测数量	395	677	690	522

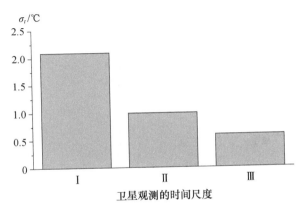

图 1.7　不同时间尺度下 OST 估算误差（σ_T，℃）。其中 Ⅰ 代表大气中尺度、Ⅱ 为天尺度、Ⅲ 为季节尺度（引自 Grankov and Shutko，1992b）

1.3　利用卫星 MCW 辐射法测定近表层大气参数

1.3.1　气候和季节尺度

　　如上节所述,利用卫星被动辐射数据来确定地表热通量的出发点是各大气层的温度和湿度特性之间的关系。从这个角度来看,分析大气水汽总含量 Q 与近地表参数（t_a 和 e）在季节尺度、天气尺度以及大气中尺度时间范围内的相关性,是基于卫星观测研究 SOA 交界面热量和水分交换的关键问题。研究这一关系,需要基于海洋、气象和高空观测系统的长期结果(Snopkov,1977；Liu,1986；Hsu and Blanchard,1989；Grankov and Milshin,1994,1995)。此外,在分析大气总湿度和近地表湿度和温度之间关系时,基于卫星 MCW 和红外被动辐射观测的最新结果基本上可以作为直接补充气象和气象观测的有效数据(Liu,1988；Schulz et al,1993；Shibata and Konda,1996；Liu et al,2003；Curry et al,2004)。

　　大气总水汽 Q 的具体作用体现在以下两个方面:一是 Q 参数与 1.35 cm 共振线的水汽辐

射强度密切相关,而基于卫星观测是能够准确测量共振线水汽辐射强度的变化;二是 SOA 总热量中很大一部分是集中在水汽中。而将参数 t_a、e 和 Q 进行联合分析的前提是它们之间的相关性,而这种相关性受到大气近表层和边界层垂直湍流和水平平流过程中热量和水汽传递的影响。此外,基于大量海洋不同区域内进行的有限时间间隔(小时或天)实验调查(船只,卫星)的观测数据分析表明,Q 和 e 以及 Q 和 t_a 之间的关系不是单一的。这是由于大气总水汽 Q 不仅仅由 e 和 t_a 决定,而是许多因素影响的总和,包括风速、气温的垂直分布和湿度等。

当大气水汽含量在空间和时间上进行平均后,应该能够对大气水汽含量与其近表层温度和湿度之间的关系做出更确切的估计。图 1.8 给出了基于不同的气候资料,对北大西洋挪威、纽芬兰和墨西哥湾流能量活跃区(EAZOs)中部分区域 5°×5° 空间平均月平均参数 e、Q 和 t_a 的比较结果。其中 t_a 的计算结果来自 Handbook (1977),Q 来自 Tuller (1968),e 来自 Handbook(1979)、Snopkov(1981)、Timofeev(1979)、Drozdov 和 Grigorèva(1963)。在使用不同的 e、Q 和 t_a 的资料时,可以看出大气水汽月平均值与近表层气温和湿度值之间的关系在很大程度上是稳定的(普遍的)。因此,要减少 Q (t_a) 和 Q (e)依赖关系的离散度,可以直接处理这些参数的相对值(或变化),而不用采用参数的绝对量值。这一结果,在使用纽芬兰 EAZO 累积数据时得到了有效验证(图 1.9)。

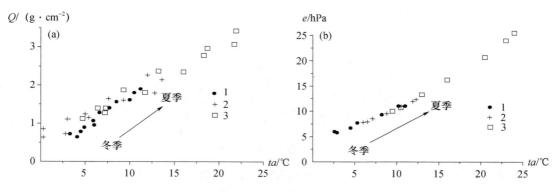

图 1.8 (a)1—12 月月平均参数 Q 和 t_a、(b)2—8 月 e 和 t_a 的相关性,其中 • 代表挪威区域、+ 代表纽芬兰区域,□ 代表墨西哥湾流区域

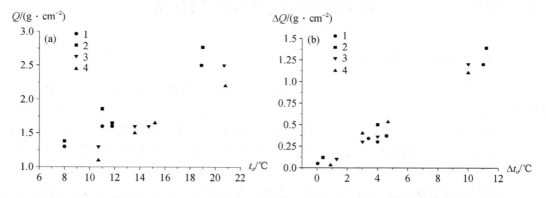

图 1.9 纽芬兰 EAZO 地区 2 月、5 月、8 月和 11 月参数 Q 和 t_a 的 (a)月平均值(气候)值及其(b)变化之间的关系估计。图中数据来源: • 代表 Q 和 t_a 来自 Handbook(1979);■ 代表 t_a 来自 Handbook(1979),Q 来自 Snopkov(1981);▼ 代表 t_a 来自 Handbook(1979),Q 来自 Timofeev(1979);▲ 代表 t_a 来自 Handbook(1979),Q 来自 Drozdov 和 Grigorèva (1963)。

从图 1.9 可以看出,进行适当的时空平均后,尽管原始数据不同,观测手段不同,数据平均的时间和空间尺度也不同,月平均参数 Q 和 t_a 的季节变化之间仍然存在明显的相关性。

在选定的 EAZOs 中,月均值 Q 和 t_a 在整个变化范围内的相关性非常强。所选 EAZOs 中 5° 海区范围内变化 1°~2° 对比结果几乎没有影响。值得注意的是,在北大西洋中纬度地区 ΔQ (Δt_a) 的回归依赖斜率稍有变化,从挪威 EAZO 的 0.1 到湾流 EAZO 的 0.13 g·cm^{-1}·K^{-1}。在太平洋的赤道地区,这种特征更为明显(图 1.10)。

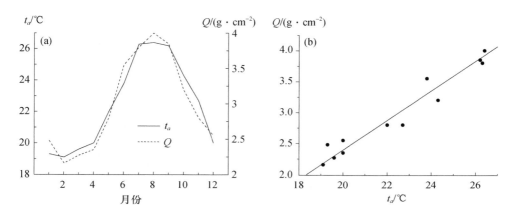

图 1.10 太平洋中途岛(28.2°N,177.4°W)(a)每年大气 Q 的月平均值与近地表温度 t_a 的量值,(b)两者的线性回归关系。其中 Q 为 1980—1983 年 Nimbus 7 SMMR 辐射计资料(Liu,1988)的平均结果,t_a 为气候资料(Handbook,1977)

利用 1964—1974 年太平洋岛屿圣保罗站(52.7°N,170.2°W)的气象和高空观测数据(Liu,1988),分析了大气水汽月平均值与近表层温度和湿度之间的回归年际变化特征。结果表明,$\Delta Q/\Delta e$ 和 $\Delta Q/\Delta t_a$ 之间的相关性是稳定的(见表 1.3),其中变化相关系数分别为 9.4% 和 13.6%。

表 1.3 基于太平洋圣保罗岛气象站观测信息的回归关系式斜率 $\Delta Q/\Delta e$ 和 $\Delta Q/\Delta t_a$ 的年际变化

年份	1964	1965	1966	1967	1968	1969	1970	1971	1972	1973	1974
$\Delta Q/\Delta e$	0.16	0.19	0.14	0.18	0.15	0.17	0.16	0.17	0.20	0.15	0.15
$\Delta Q/\Delta t_a$	0.17	0.13	0.13	0.15	0.13	0.18	0.13	0.14	0.18	0.13	0.13

总体来看,基于卫星分析结果和系统化的长期数据的对比表明,月平均 e、Q 和 t_a 在较为广泛的量值区域内($0.5 < Q < 4.5$ g·cm^{-2},$5 < e < 30$,$0 < t_a < 30$℃)具有稳定的相关性特征。也就是说,月平均参数 e、Q 和 t_a 在季节尺度变化上具有普遍的规律性。同时,它们在北大西洋和太平洋不同的自然和地理区域也内表现出 $Q(e)$、$Q(t_a)$ 以及 $e(t_a)$ 的独特依赖关系。

1.3.2 天气尺度

基于 NEWFOUEX-88 实验(1987 年 11 月—1988 年 4 月)和 ATLANTEX-90 实验(1989 年 11 月—1990 年 6 月)得到的关于纽芬兰 EAZO 区域海洋—大气相互作用的观测信息,为研

究中纬度地区参数 e、Q 和 t_a 在天气尺度范围内的相关性提供了有力的数据支撑。此外，还获取了 Victor Bugaev、Musson 和 Volna 号三艘研究船（R/Vs）静止状态下在上述实验特定阶段（1988 年 3 月和 1990 年 4 月）的数据，每个个例的主要数据包括：①近表层 2000 次以上气象要素观测，时间分辨率为 1 h；②高度 10～16000 m 范围内（20 层）进行了 400 次以上的气象要素观测，时间分辨率为 6 h；③ATLANTEX-90 实验中采用 1.35 cm 和 0.8 cm 波长（R/V Volna 号）舰载 MCW 辐射计对水汽含量进行的 2000 多次观测，时间分辨率为 15～20 min。这些观测结果表明，由高空观测所得的大气总水汽含量的天气尺度变化与直接由表面观测得到的近表层大气要素变化之间的相关性非常强（图 1.11）。

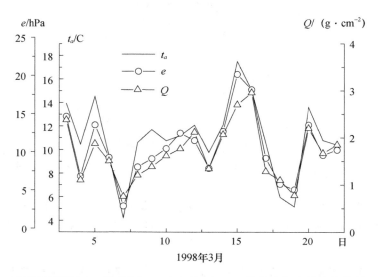

图 1.11　NEWFOUEX-88（R/V Musson）实验 Musson 号静止状态特定阶段每日 e、Q 和 t_a
观测信息之间的相关关系

此外，中尺度（小时或日量级）时间范围内大气水汽与近表层温度、湿度的关系分析也非常重要，不仅有助于更好地理解天气和季节尺度上变化特征，同时能够评估参数 Q 在更短时间尺度上作为大气参数 e 和 t_a 的关键因子的有效性。

因此，利用 NEWFOUEX-88 和 ATLANTEX-90 实验静止阶段的观测信息分析了参数 e、Q 和 t_a 在天气系统剧烈变化时期（如气旋经过阶段）的中尺度变化特征。图 1.12 给出了部分区域的分析结果，其中比较结果是基于 1 h 的 e、t_a 数据与 6 h 参数 Q 的指示结果分析得到的。结果表明，大气水汽与近表层温度、湿度的关系呈逐日发展的趋势，主要特征为：①在大气近表层 e 和 t_a 之间存在密切的相关性，且其规律符合理想气体特征；②在调整大气的高能量（气旋）过程的影响下，参数 Q 的变化往往跟随参数 e，t_a 的变化，且存在几个小时的时滞（Grankov and Milshin，1995，Grankov and Novichikhin，1997）。

此外，大气水平环流强烈影响近地表和边界层的温湿度特性，对大气温度和湿度的垂直分布起着重要作用。这一规律在北大西洋中纬度地区变得很明显，尤其是在大气中的气旋活动期间。这一现象在图 1.13 中得到了证实，图中显示的是亚特兰蒂斯-90 实验期间，Victor Bugaev 号 R/V 的高空探测数据。

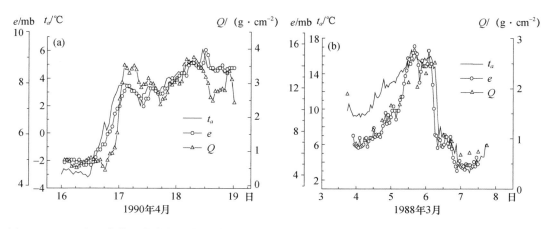

图 1.12　e、Q 和 t_a 参数日变化的比较。其中(a)ATLANTEX-90 (R/V Volna 号,1990 年 4 月 16—19 日)
实验数据;(b)为 NEWFOUEX-88 (R/V Musson 号,1988 年 3 月 3—8 日)实验数据

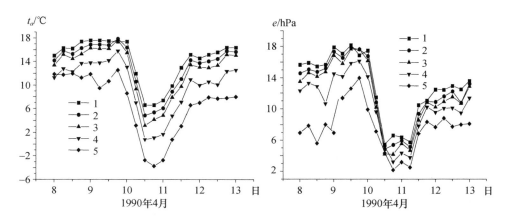

图 1.13　Victor Bugaev 号 R/V 在 10(1)、100(2)、200(3)、500(4)、1000(5) m 不同高度上,
强气旋经过时大气边界层的(a)温度 t_a 和(b)湿度 e 的变化

　　表 1.4 给出了不同水平范围内近表层气象观测数据的相关分析结果。然而,当这些参数在大气中的垂直分布出现了逆温现象,这种在不同水平范围内气温和湿度变化的相关性会受到干扰。图 1.14 以 6 h 分辨率显示 1990 年 4 月 12 日各层大气湿度的变化。从图中可以看出,这种情况下逆温的生命史不超过 12 h,而且这种现象虽然在 ATLANTEX-90 和 NEWFOUEX-88 试验的固定阶段就观测到了,但出现频率不高,在数百次气象探测中大约出现几十次左右。

表 1.4　不同高度层间大气近表层温度 t_a 和湿度 e 的相关性

高度/m	10	100	200	500	1000
10	1	0.993	0.988	0.968	0.788
100	0.995	1	0.998	0.979	0.812
200	0.990	0.999	1	0.982	0.827
500	0.988	0.996	0.996	1	0.857
1000	0.948	0.954	0.953	0.962	1
	近表层温度			近表层湿度	

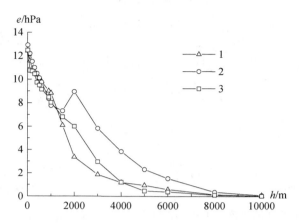

图 1.14　ATLANTEX – 90 实验 Bugaev 号（R/V V）高空观测得到的不同高度范围 h 下的大气水汽压 e。其中 1 表示 6 h 观测；2 表示 12 h 观测；3 表示 18 h 观测

1.4　小结

　　基于卫星的被动微波辐射观测数据能够有效评估海洋—大气系统（SOA）参数，对分析其海气界面的热力过程具有重要意义。其中，SOA 的亮温与水面温度和近地表风速直接相关，而这两个参数是计算 SOA 边界处的热量和水汽垂直湍流通量公式的关键参数。其他基于地表热通量同化的参数（如近地表空气温度和湿度）仅间接影响 SOA 的自然 MCW 辐射特征。在北大西洋的一些地区，大气的总水汽含量能够利用卫星的 MCW 辐射观测方法简单快速获取，并可作为这些参数在大范围时间尺度内的定量指标。此外，还可以直接利用选定光谱波段的 SOA 亮度温度来反演地表热通量。这两种方法的应用将在下一章中进行分析。

参考文献

Ariel，N Z et al，1973. On calculation of month mean values of heat and moisture heat over the ocean. Meteorolologiya and Gidrologiya，5：3-11，Russian.

Armand N A，Polyakov V M，2005. Radio propagation and remote sensing of the environment. CRC Press LLC，Roca Raton.

Basharinov A E，Gurvich A S，Egorov ST，1974. Radio emission of the planet Earth. Nauka，Moscow in Russian.

Bernstein R L Chelton D B，1985. Large-scale sea surface temperature variability from satellite and shipboard measurements. J Geophys Res C6：11. 619-11. 630.

Bogorodskii V V，Kozlov A I，Tuchkov L T，1977. Radiothermal emission of the Earth's covers Gidrometeoizdat，Leningrad in Russian.

Bychkova I A，Victorov S V，Vinogradov V V，1988. Remote sensing of sea temperature. Gidrometeoizdat，Leningrad in Russian.

Chavro A I，1990. Physical base and the methods of the sea surface determination from satellites. OVM AN

USSR, Moscow in Russian.

Cherny I V, Raizer V Yu, 1998. Passive microwave remote sensing of oceans. Wiley, UK.

Curry J A, Bentamy A, Bourassa M A, et al, 2004. Satellite-based datasets of surface turbulent fluxes over the global oceans (SEAFLUXE Project).

Drozdov O A, Grigorèva A S, 1963. Water vapor exchanges in the atmosphere. Gidrometeoizdat, Leningrad in Russian.

Dymnikov V P, Korotaev G K, Galin V Ya, 1984. Atmosphere, Ocean, Space-"Razrezy" Program, VINITI, Moscow in Russian.

Esbensen S K, Reynolds R W, 1981. Estimating monthly averaged air-sea transfers of heat and momentum using the bulk aerodynamic method. J Phys Oceanogr 11: 457-465

Eyre J R, Lorence A C, 1989. Direct use of satellite sounding radiances in numerical weather prediction. Meteorolog Magaz 118: 13-16.

Frenks L E, 1969. Signal theory. Prentice-Hall, N Y. Gaikovich K P, et al, 1987. Determination of the temperature profile in the water surface layer with microwave radiometric measurements. Fizika Atmosfery i Okeana 23: 761-768, Russian.

Grankov A G, Shutko A M, 1980. Assesment of the effectiveness of estimates of parameters of the sea surface and the atmosphere. Radiotekhnika 35: 38-41, Russian.

Grankov A G, Shutko A M, 1992a. Use of remote radiophysical methods to determine the role of energy-active zones of the ocean in the development of the weather on the continents. Sov J Remote Sensing 9: 926-941.

Grankov A G, Shutko A M, 1992b. Accuracy of estimates of the surface temperature and its variations using spectral techniques of satellite microwave radiometry. Sov J Remote Sensing 10: 169-198.

Grankov A G, Usov P P, 1994. Intercommunication between monthly mean ai-sea temperature differences and natural microwave and infrared radiation. Meteorologiya i Gidrologiya 6: 79-89, Russian.

Grankov A G, Milshin A A, 1994. On correlation of the near-surface and total atmosphere humidity with the near-surface air temperature. Meteorologiya i Gidrologiya 10: 79-81, Russian.

Grankov A G, Milshin A A, 1995. A study of intercorrelation between thermodinamical parameters of the atmosphere for validating satellite MCW and IR-radiometric methods of determining its near-surface temperature. Institute of Radioengineering and Electronics RAS Preprint No. 3(603), Fryazino in Russian.

Grankov A G, Milshin A A, 1999. Interrelation between the microwave radiation of the ocean-atmosphere system and the boundary heat and momentum fluxes. Izvestiya, Atmospheric and Oceanic Physics 35: 570-577.

Grankov A G, Novichikhin E P, 1997. Formulas oh heat and moisture exchange between ocean and atmosphere used in radiometric satellite data assimilation. Russian Meteorology and Hydrology, Allerton Press 1: 81-90.

Grankov A G, Resnjanskii Ju D, 1998. Modeling the response of the ocean-atmosphere natural radiation system to the pertrubation of a thermal equilibrium at the interface. Russian Meteorology and Hydrology, Allerton Press 11: 57-65.

Grankov A G, Milshin A A, Petrenko B Z, 1999a. Natural radiothermal radiation as a characteristic of seasonal and synoptic variation at the ocean-atmosphere heat interfaces. Doklady Earth Sciences 367A: 839-842.

Grankov A G, Gulev S K, Milshin A A, et al, 1999b. Experimental studies of the ocean-atmosphere brightness temperature as a function of near-surface heat and impulse exchanges in the range of synoptic time scales. Issledovanie Zemli iz kosmosa 6: 3-7, Russian.

Grankov A G, Milshin A A, Novichikhin E P, 2000. Interconnection between the brightness temperature and the intensity of the thermal ocean-atmosphere interaction (Based on the data Atlantex-90 experiment). Earth

Obs Rem Sens 16:457-467.

Grankov A G, Milshin A A, 2001. Evaluation of usefulness of the SSM/I data for study of climatic parameters of the ocean and atmosphere in the North Atlantic. Issledovanie Zemli iz kosmosa 5:70-78, Russsian.

Grankov A A, Milshin A A, Shelobanova N K, 2002. Specific features of the subpolar hydrological front from microwave radiometric satellite data. Russian Meteorology and Hydrology, Allerton Press 8:34-40.

Grankov A G, Milshin A A, 2010. Microwave radiation of the ocean-atmosphere: boundary heat and dynamic interaction. Springer Dordrecht Heidelberg London New Jork.

Grassl H, Jost V, Schulz J, et al, 2000. The Hamburg ocean-atmosphere parameters and fluxes from satellite data (HOAPS): A climatological atlas of satellite-derived air-sea interaction parameters over the world oceans. Report No. 312. MPI, Hamburg.

Grishin G A, Lebedev N E, 1990. Use of IR data from satellites for monitoring the ocean and atmosphere: state of the problem. Issledovanie Zemli iz kosmosa 6:97-104, Russian.

Handbook, 1979. Averaged month, 10 and 5-day periods values of the air water and temperature, their difference and wind speed in selected regions of the North Atlantic (1953-1974 years). VNII GMI, Obninsk Russian.

Gulev S K, 1991. Effects of spatial and temporal averaging in estimating of energy exchange parameters between ocean and atmosphere. Fizika Atmosphery i Okeana 27:204-213, Russian.

Handbook, 1977. Atlas of the oceans: Atlantic and Indian oceans. MO SSSR, Moscow in Russian.

Hilland J E, Chelton D B, Njoku E G, 1985. Production of global sea surface temperature fields for the Jet Propulsion Laboratory workshop comparisons. J Geophys Res 1985 90:11. 642-11. 650.

Hofer R, Njoku E G, Waters J W, 1981. Microwave radiometric measurements of see surface temperature from the SEASAT satellite: First results. Science 212:1385-1387.

Hsu S A, Blanchard B W, 1989. The relationship between total precipitable water and surface-level humidity over the sea surface: a further evaluation. J Geophys Res 94:14539-14. 545.

Il ẏin Yu A, Kuznetzov A A, Malinnikov V A, 1986. On the method of remote sensing of heat fluxes at the boundary of the system ocean-atmosphere, Izvestiya VUZov 6:117-120, Russian.

Ivanov A, 1978. Introduction to Oceanography. Mir, Moscow in Russian.

Kharkevich A A, 1962. Spectrums and analysis. GIFML, Moscow in Russian.

Khundzhua G G, Andreev E G, 1973. On determination of heat and water vapor fluxes in the ocean-atmosphere system from measurements of the temperature profile in a thin water layer. Doklady Akademii Nauk SSSR 208 :841-843, Russian.

Kondratèv K Ya, Timofeev Yu M, 1978. Meteorological probing of atmosphere from space. Gidrometeoizdat, Leningrad in Russian.

Kondratèv K Ya, Timofeev Yu M, 1979. Meteorological sensing of underlying surface from space. Gidrometeoizdat, Leningrad in Russian.

Kochergin V P, Timchenko I E, 1987. Monitoring the hydrophysical fields of the ocean. Gidrometeoizdat, Leningrad in Russian.

Kondratèv K Ja, Melentèv V V, Nazarkin V A, 1992. Remote sensing of waterareas (Microwave methods). Gidrometeoizdat, S. -Petersburg in Russian.

Lappo S S, Gulev S K, Rozhdestvenskii A E, 1990. Large-scale heat interaction in the ocean-atmosphere system and energy-active zones in the world ocean. Gidrometeoizdat, Leningrad in Russian.

Lapshin V B, Ragulin I G, 1989. The rate of air-sea gas exchange from microwave radiometric measurements, Meteorologiay i Gidrologiya 3:113-115, Russian.

Larin D A, 1984. On calculations of heat and moisture fluxes with averaged values of meteoparameters. Trudy

VNIIGMI MCD,Obninsk 110:87-93,Russian.

Liu W T,1986. Statistical relations between monthly mean precipitable water and surface-level humidity over global oceans. Mon Wea Rev 114:1591-1602.

Liu W T,1988. Moisture and latentflux variabilities in the tropical Pacific derived from satellite data. J Geophys Res 93:6749-6760.

Liu W T,1995. Satellite remote sensing of ocean surface forcing and response,COSPAR Colloq,Taipei,15B2-1-15B2-3.

Liu C C,Liu G R,Chen W J,et al,2003. Modified Bowen ratio method in near-sea-surface air temperature estimation by using satellite data. IEEE Trans Geosci Remote Sensing 41:1025-1033.

Matveev D T,1971. On the microwave spectrum emission of the rough sea surface. Fizika Atmosfery i Okeana 7:1070-1076,Russian.

Mitnik L M,1979. Possibilities of remote sensing the temperature of a thin oceanic layer. Fizika Atmosfery i Okeana 15:344-347,Russian.

Nelepo B A,Korotaev G K,Suetin V S,et al,1985. Research of the ocean from space. Naukova Dumka,Kiev in Russian.

Nikolaev A G,Pertshev S V,1964. Passive radiolocation. Sovetskoe radio,Moscow in Russian.

Nikolaev Ju V,1981. The role of the large-scale interaction of the ocean and the atmosphere in the development of weather anomalies. Gidrometeizdat,Leningrad in Russian.

Njoku E G,Barnett T P,Laurs R M,et al,1985. Advances in satellite sea surface temperature measurement and oceanographic applications. J Geophys Res 90:11. 573-11. 586.

Panin G N,1987. Evaporation and heat exchange over the Caspian Sea. Nauka,Moscow in Russian.

Pereslegin S V,1967. On relations between thermal and radiobrightness contrasts of the sea surface. Fizika Atmosfery i Okeana 3:47-51,Russian.

Raizer V Ju,Cherny I V,1994. Diagnostics of the ocean surface layer at microwaves. Gidrometeoizdat,S. -Petersburg in Russian.

Reutov E A,Shutko A M,1987. On correlation of radiobrightness temperature with the radiative index of dryness. Issledovanie Zemli iz kosmosa 6:42-48,Russian.

Reutov E A,1989. On intercorrelation of microwave and IR radiation of natural objects with their state. Issledovanie Zemli iz kosmosa 1:70-76,Russian.

Robinson I S,1985. Satellite oceanography. An introduction for oceanographers and remote sensing scientists. Ellis Horwood Series Marine Science,Chichester.

Schulz J, Mejwerk J, Ewald S, et al, 1997. Evaluation of satellite-derived latent heat fluxes. J Climate10: 2782-2795.

Schulz J,Schluessel P,Grassl H,1993. Water vapor in the atmospheric boundary layer over oceans from SSM/I measurements. Int J Remote Sensing 14:2773-2789.

Sharkov E A,1978. On use of thermal microwave system for investigation heat interchanges in a transient layer at the ocean-atmosphere boundary. Radiotekhnika i Elektronika 23:656-658,Russian.

Sharkov E A,1998. Remote sensing of tropical regions. J. Wiley & Sons/ PRAXIS,N. Y.

Sharkov E A,2012. Global Tropical Cyclogenesis The 2nd Edidtion. B. ,Heidelberg,L. ,N. Y. etc: Springer/ PRAXIS.

Sharkov E A,2007. Breaking Ocean Waves Springer/PRAXIS. Berlin,Heidelberg,London,N. Y.

Shibata A,Konda M N,1996. A new method to determine near-sea surface air temperature by using satellite data. J Geophys Res 101:14,349-14,360.

Shuleikin V V,1968. Physics of the sea. Nauka,Moscow in Russian.

Shutko A M,Grankov A G,1982. Some pequliarities of formulation and solution of inverse problems in microwave radiometry of the ocean surface and atmosphere. IEEE J Oceanic Eng OE-7:40-43.

Shutko A M,1985. The status of the passive microwave sensing of the waters-lakes,seas,and oceans-under the variation of their state,temperature,and mineralization (salinity):models,experiments,examples of application. IEEE J Ocean Eng OE-10:418-435.

Shutko A M,1986. Microwave radiometry of water surface and soils. Science,Moscow in Russian.

Snopkov V G,1977. On correlation between the atmosphere water vapor and the near surface humidity seasonal variations of the water vapor content over the Atlantic. Meteorologiya i Gidrologiya 12:38-42,Russian.

Snopkov V G,1981. On seasonal variations of the water vapor content over the Atlantic. Atmosphere circulation and its interaction with the ocean in the tropical and subtropical latitudes of the Atlantic Nauka,Moscow in Russian.

Susskind J,Reuter D,1985. Retrieval of sea surface temperatures from HIRS/MSU. J Geophys Res 90:11. 602-11. 608.

Taylor P K,1984. The determination of surface fluxes of heat and water by satellite radiometry and in situ measurements. Gautier C and Fleux M (ed) Large-Scale Oceanographic Experiments. and Satellites. Dordrecht,Reidel 223-246.

Timofeev N A,1979. On vertical distribution of the air humidity and the atmosphere water over the oceans. Meteorologiya and Gidrologiya 8:55-62,Russian.

Tsang L,Kong J A,Shin R T,1985. Theory of microwave remote sensing. Wiley-Interscience,N. Y.

Tuller S T,1968. World distribution of mean monthly and annual precipitable water. Mon Wea Rev 96: 785-797.

Twomey S,1977. Introduction to the mathematics of inversion in remote sensing and indirect measurements. Elsevier Sci Publ,Amsterdam.

Ulaby F T,Moor R K,Fung A K,1981,1982,1986. Microwave remote sensing. Addison-Wesley Pube,N. Y.

Wilheit T T,1978. A review of applications of microwave radiometry to oceanography. Boundary-Layer Meteorol 13:277-293.

第 2 章　在天气尺度上模拟 SOA 内 MCW 和 IR 辐射特征及其与表面热通量的关系

2.1　基于 ATLANTEX-90 船舶实验数据对 SOA 的亮度温度的建模

2.1.1　初始资料

这项研究使用了从 Victor Bugaev、Musson 和 Volna(R/Vs)观测船获得的 ATLANTEX-90 实验结果。该实验完成了"RAZREZY"科学项目中北大西洋能源活跃区大规模海洋—大气热和动力相互作用的最后观测阶段。基于这个实验的观测信息,本节采用了静止期(1990 年 4 月 4—21 日)的数据,这些数据具有以下特点:①这一期间的气象观测尤其是高空观测数据最具有规律性;②由于三艘观测船均采用固定(或静止)位置方式进行观测,能够对海洋和大气参数动力过程随时间的变化进行精细分析。

在此期间,研究船分别位于墨西哥湾流三角洲区域的 3 个观测点:墨西哥湾流基本水流的南部边缘(R/V Victor Bugaev 号)、南部水流(R/V Musson 号)和拉布拉多海流的东部支流(R/V Volna 号)。这一区域的特征是海洋和大气参数具有强天气尺度变化信号,这是由拉布拉多冷流和墨西哥湾暖流准静止反气旋相互作用导致的亚极区水文锋(subpolar hydrological front:SHF)的影响造成的。该区域的一个重要特征是存在很强的大气环流。全年约 50% 的时间,该区域都会受到强大的中纬度气旋的影响,激发出大气温度、湿度以及边界层热量、通量的剧烈变化 (Lappo et al,1990)。

基于船舶实验观测信息,选择了以下参数进行深入分析:

(1)水文和气象测量信息,包括海表温度 t_s 和近地表空气温度 t_a、湿度(水汽压)e、风速 V (观测次数超过 1000 次,时间分辨率为 1 h);

(2)10~16000 m 范围内 20 个高度层的大气总水汽含量 Q 的高空观测数据(观测次数超过 200 次,时间分辨率为 6 h);

(3)基于参数 t_s、t_a、V 和 e 的每小时观测数据参数化后计算得到的湍流热通量 q_h 和水汽通量 q_e 的每小时估计值。

选择了 ATLANTEX-90 实验期内固定观测时间段(1990 年 4 月 8—13 日)的观测信息进行详细分析,因为在这一时间段内,所有船舶的海洋和气象传感器对北大西洋区域的强气旋进行同步观测,有利于完整揭示该区域的强天气尺度变化信号,及其对大气温度、湿度以及边界层热量和水汽通量的影响。

2.1.2　SOA 的微波和红外自然辐射模型

卫星对自然 MCW 辐射强度的测量(毫米和厘米波段)是海洋和大气垂直电磁通量及其耦

合的结果，因此，需要把这些介质与海洋—大气系统（SOA）结合在一起考虑。

要利用船舶测量数据来计算 SOA 微波和红外线的自然辐射强度，需要建立一个模型来同化海洋和气象参数，以及基于高空观测的气温、湿度和压力的垂直分布数据。

本节使用的是自然辐射的平面层模型（Basharinov et al,1974）。这个模型使用了 H 高度上观测到的 SOA 辐射强度 I，它是由 3 个部分组成，即：

$$I = I_1 + I_2 + I_3 \tag{2.1}$$

式中：

$$I_1 = I_s \exp(-\tau) \tag{2.2}$$

I_1 是指从水（海洋）表面向上辐射通量强度 I_s 在大气中的衰减过程。I_s 与水面发射率及其热力学温度 T_s（$T_s = t_s + 273$）成正比。

$$I_2 = \int_0^H I_a(h) \exp[\tau(h) - \tau(H)] dh \tag{2.3}$$

I_2 是向上大气辐射通量的强度。这里是将每层的通量 $I_a(h)$ 进行积分后得到的，并且考虑适当的大气层衰减值。

$$I_3 = \exp[-\tau(H)] R \int_0^H I_a(h) \exp[-\tau(h)] dh \tag{2.4}$$

I_3 表示水面反射的大气向下辐射通量的强度。

$$\tau(h) = \int_0^h \gamma(h') dh' \tag{2.5}$$

$\tau(h)$ 是指大气辐射的整体衰减，它取决于线吸收因子 γ 和从海洋表面测量的吸收层厚度 h（$h = 0$）；R 为大气从水面向下辐射通量的反射系数。

此外，水面自然 MCW 和红外辐射的强度 I_s 满足以下比例关系：

微波波段	红外波段
$I_s = æT_s$	$I_s = B(T_s)$

式中 $I_s(h)$ 为水面向上辐射强度；$æ$ 为水面在微波下的发射率；同时 $B(T_s)$ 是关于 T_s 的普朗克函数。

大气的 MCW 和红外自然辐射 I 在 h 高度层上的强度可由以下关系式确定：

微波波段	红外波段
$I_a(h) = T_a(h) \gamma(h)$	$I_a(h) = B[T_a(h)] \gamma(h)$

式中，$T_a(h)$ 为以开尔文为单位的大气在 h 高度层的热力学温度，即 $T_a(h) = t_a(h) + 273$；$B[T_a(h)]$ 是关于为 $T_a(h)$ 的普朗克函数。

由于 MCW 的波长范围内 Rayleigh-Jeens 近似的有效性，亮温可作为 SOA 不同部分辐射强度的度量。为了刻画红外辐射强度 I，根据本节使用了由公式 $B(T^r)$ 定义的有效（辐射）温度 T^r 的概念，用来表征辐射强度等于 I 的绝对（理想）热力学温度。

2.2 SOA 亮温差及其与热通量的比较

2.2.1 微波波段下 SOA 亮温的计算

本节利用公式（2.1）～（2.5），基于 ATLANTEX-90 实验中 Victor Bugaev、Musson 和

Volna 观测船静止阶段的数据,分析了 0.5～5.0 cm 波长范围内 SOA 亮温的日变化和天气尺度变化。其中,水面亮温 T^b 是根据 Basharinov 等(1974)提出的原理进行计算的,即利用吸收因子 γ 与空气温度、湿度和压力的理论关系考虑了大气中水汽和氧分子的主导作用,并得到了线性吸收因子 γ 的数值估计值;需要说明,此时的 SOA 亮温计算是在无云的大气环境中进行的。

1990 年 4 月 8—13 日发生强气旋时,SOA 自然 MCW 辐射对海洋—大气界面热通量变化的响应最为明显。在此期间,Victor Bugaev 号观测得到总热通量(感热＋潜热)的变化大于 800 W·m^{-2},Musson 号观测结果大于 500 W·m^{-2},而 Volna 号观测结果则大于 400 W·m^{-2} (Gulev et al,1994)。在用来计算 SOA 亮温的光谱范围中(5.4 mm,5.6 mm 和 5.9 mm;以及 0.8 cm,1.0 cm,1.35 cm,1.6 cm,3.2 cm 和 5.0 cm),这一天气过程中的亮温差在 0.59～1.6 cm 波段内达到最大,对应于大气中氧气和水汽向上辐射的共振效应(图 2.1)。而 1.35 cm 及其附近的大气水汽自然辐射衰减带在海洋—大气热相互作用分析中起着特殊的作用,因此在研究海洋—大气边界的热过程时,MCW 谱的这一区域将是研究关注的焦点。

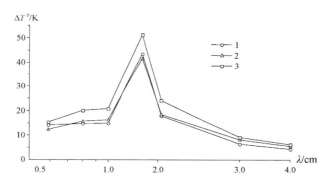

图 2.1　1990 年 4 月 8—13 日气旋经过时,5 mm～5 cm 波长范围内 SOA 亮温差 ΔT^b 的光谱依赖性。其中(1)、(2)和(3)分别代表 Victor Bugaev、Musson 和 Volna 号的观测结果

2.2.2　SOA 的亮温和热通量之间的关系

区分不同情况下,使用公式(2.1)～(2.5)评估了不同高度层对 SOA 辐射特性的贡献以及它们与天气时间尺度上地表热通量关系的影响。其中第一种情况是将向下的传感器(辐射计)放置在自由空气中,用来模拟卫星观测;第二种情况则将向下传感器放置在自由空气和大气边界层之间的边界,模拟在飞机上的测量;第三种情况则将向上和向下的传感器放置在离水面 10～20 m 的位置,以模拟船舶上的测量(这个方案将在第 4 章中详细描述)。

基于卫星、飞机和船舶的模拟观测信息分析可知,观测到 SOA 亮温变化估计值与近地表总热通量之间存在密切的相关性(图 2.2 和图 2.3)。图 2.2 和图 2.3 比较了 $T^b_{1.35}$(1.35 cm 波长处的亮温)和 $T^b_{0.59}$(5.9 mm 波长处的亮温)的值,以及从 Victor Bugaev、Musson 和 Volna 三艘观测船获得的总热通量 q_{he}。卫星的观测对应的是对流层的上边界;飞机观测对应于大气边界层的上层边界;而船舶观测则对应于近地表大气的上层边界。从图 2.2 和图 2.3 可以看出,随着通量 q_{he} 的增加,SOA 的自然 MCW 辐射使其亮温 T^b 减小,反之亦然。同时,随着 q_{he} 的减小,T^b 增大。在此期间,波长 5.9 mm 处的亮温平均变化为 15～20 K,而波长 1.35 cm 处的亮温平均变化为 30～40 K。此外,亮温的响应滞后于热通量变化 6～12 h。

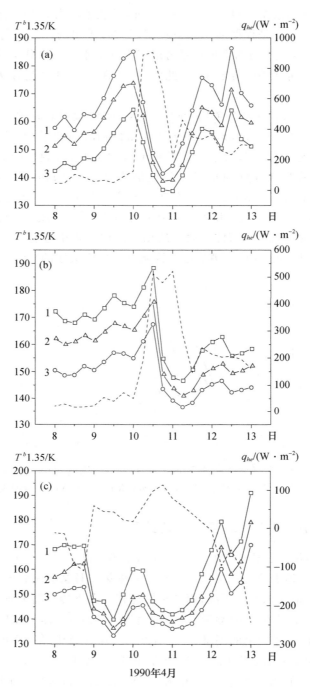

图 2.2　1990 年 4 月 8—13 日（ATLANTEX-90 实验）（a）Victor Bugaev 号（b）Musson 号和（c）Volna 号
观测得到的 q_{he}（虚线）与估算的 $T_{1.35}^b$ 的比较分析。其中-□-、-△-和-○-标记分别
代表模拟卫星、飞机和船舶观测的分析结果

　　基于上图分析可以看出，亮温对地表热通量的响应与观测高度（大气表层、大气边界层顶
部或自由大气）关系不大。观测高度不同时，亮温量值大小有所不同，观测高度越高，参数 T^b
越大。

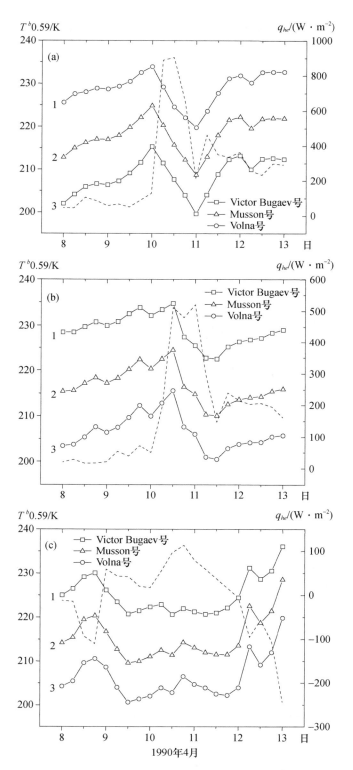

图 2.3　图示内容与图 2.2 一致，比较对象中 5.9 mm 波长处的亮温 $T_{0.59}^{b}$

本文建立了建立了基于 ATLANTEX-90 实验 R/V Volna 号在海气界面处每 6 h 的总热通量观测记录样本，与卫星层模拟观测情况下由船载表面和高空观测得到的 5.9 mm、1.35 cm 波长处 SOA 亮温得到的线性回归关系，其形式为 $q_{he}=c_1+c_2T^b$（图 2.4）。

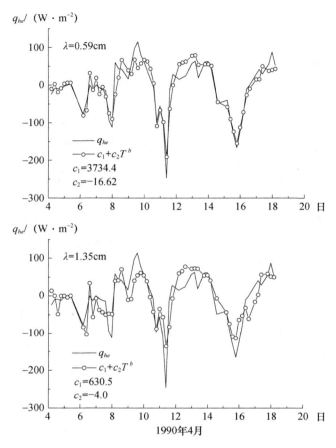

图 2.4 ATLANTEX-90(R/V Volna)固定位置观测实验阶段，每 6 h 的总热通量 q_{he} 样本，
与 0.59 cm 和 1.35 cm 波长处 SOA 亮温线性组合的比较

热通量的天气尺度变化与 SOA 亮温的模型估计值之间表现出密切的关系。在氧分子和大气水汽共振波段的每 6 h 样本中，当通量变化幅度为 320 W·m^{-2} 时，用亮温 T^b 近似计算总热通量 q_{he} 的最小绝对误差为 26～28 W·m^{-2}。

回归系数 c_1 和 c_2 的相对变化量为 13%～15% 而回归系数 c_2 在所有情况下均为负数，这说明热通量和亮温呈反相变化，即参数 q_{he} 的增加会导致 T^b 的降低，反之亦然。值得注意的是，在这种情况下，虽然亮温计算，尤其是热通量计算的准确性不是很高，然而 SOA 自然 MCW 辐射强度变化与热通量的变化表现出高度相关的特征。利用 ATLANTEX-90 实验气象水文观测信息可以评估出模型亮温值的相对误差约为 5%～10%，而基于第 1 章体积参数化方法计算得到热通量相对误差为几十个百分比(Gulev et al,1994)。

2.2.3 计算亮温对热通量变化的响应

基于 Grankov 等(2010)研究成果，本节更深入地分析了 0.59 cm 和 1.35 cm 共振光谱域内 SOA 亮温响应的时滞现象,并将其与表面热通量的变化进行了比较(图 2.5)。

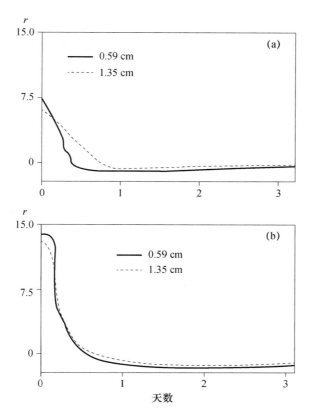

图 2.5　(a)Bugaev 和 (b)Volna 号观测区域,波长为 0.59 cm 和 1.35 cm 处
SOA 亮温对热通量变化的敏感性

利用 Duamel 的积分方程计算亮温 T^b 对总热通量 q_{he} 变化的响应(灵敏度)函数 $r(t)$,

$$T^b(h) = \int_0^t q(\tau) \cdot r(t - \tau) \cdot \mathrm{d}\tau \qquad (2.6)$$

上式可以看作是对卷积型方程类固有的第一类经典 Volterra 方程的修正,同时本节针对指数函数形式 $r(t)$ 提出了一种线性叠加的迭代方法,即:

$$r(t) = \sum_{i=1}^N a_i \exp(- b_i t) \qquad (2.7)$$

其中系数 a_i 和 b_i 是以均方根误差的形式呈现的,并根据 SOA 亮温值与其近似值之间的最小差异计算得到。结果表明,当公式(2.7)中 $N=6$ 时,均方根误差的平均值不超过 $5\% \sim 7\%$,达到了可接受的精度。

由图 2.5b 所示的 Volna 号观测数据能够很好地揭示参数 T^b 和 q_{he} 变化的模糊性特征(图 2.2c 和图 2.3c)。这种情况与图 2.2a,2.2b 以及图 2.3a,2.3b 所示的情况不同,这些参数之间的时移很明显,无须任何数学分析。表 2.1 给出了 SOA 响应的时间延迟对天气尺度地表热通量作用的分析结果。利用相关系数 R 和差异均方根误差 d 分析 SOA 亮温的模拟估计值与实验观测船采集到的 0.59 cm 和 1.35 cm 热通量的回归特征可以看出,当 Δt 为 12 h 时,相关系数 R 达到最大,量值范围为 $0.84 \sim 0.86$;同时误差 d 值为最小,量值范围为 $85 \sim 93$。

表 2.1　基于 R/V Musson 观测数据分析波长（1）0.59 cm 和（2）1.35 cm 处时移 Δt 对 SOA 亮温和热通量相关系数 R 和均方根误差 d 的影响

时移 Δt	0 h	6 h	12 h	18 h
相关系数 $R(1)$	0.25	0.67	0.86	0.84
相关系数 $R(2)$	0.34	0.74	0.85	0.71
均方根误差 d/(W·m^{-2})(1)	160	124	85	98.7
均方根误差 d/(W·m^{-2})(2)	157	113	93	127.3

热通量变化的最大值为 900 W·m^{-2}

由此可见，在对观测数据与大气海洋参数进行比较时，必须考虑在天气尺度时空范围内地表热通量和亮温变化之间的因素。

2.3　自然 MCW 辐射与 SOA 热通量关系的因子分析

2.3.1　影响亮温和表面热通量之间关系的参数和机制

俄罗斯无线电工程和电子研究所、俄罗斯科学院空间研究所以及俄罗斯科学院海洋学研究所相关小组一直反复讨论的一个问题是：有效辐射 2～5 km 厚的大气层内 SOA 亮温（不论是模拟还是观测得到）是如何与近表层（厚度为 10 m，甚至更薄）大气温度和水汽特征联系在一起的。

本节研究了海洋表面参数和不同大气高度层的一些参数在天气尺度上的重要性（优先级），即它们对 SOA 热量水汽交换特征和 MCW 辐射相关性的影响。为此，根据 ATLAN-TEX-90 实验固定观测阶段 R/V Volna 号累积的数据，利用以下公式对模拟亮温变化 ΔT^b 与总热通量变化 Δq_{he} 的关系进行了回归分析：

$$\Delta q_{he} = k_1 \Delta T_{i1} + k_2 \Delta T_{i2} ; i = 1, \cdots, 4 \qquad (2.8)$$

式中指数 1 和 2 分别表示 λ_1 和 λ_2 波长下 MCW 光谱自然辐射中与 SOA 亮温的相关因子。指数 i 则表示不同参数对海洋—大气热相互作用的影响，如可以选择海洋表面温度 t_s($i=1$)、近地表风速 V($i=2$)和温度 t_a($i=3$)，以及总水汽含量 Q($i=4$)。ΔT_{i1} 和 ΔT_{i2} 表示由这些参数的变化引起的亮温变化。

接下来采用有序消元法同时揭示了每一个参数在不同 MCW 波段热交换过程和 SOA 自然辐射中的贡献。表 2.2 列出了采用 0.56～3.2 cm 波长范围 SOA 辐射亮温近似计算总热通量 q_{he} 的误差。表中 d 列表示参数 q_{he} 与参数 ΔT_{i1} 和 ΔT_{i2} 线性组合之间的偏差，其中 ΔT_{i1} 和 ΔT_{i1} 线性组合的结果是利用最小二乘法并考虑了所有 SOA 基本参数(t_s,t_a,V,Q)变化后计算得到的。d_t_s,d_V,d_t_a，和 d_Q 列则分别表示去除海洋表面温度(t_s)、近地表风速(V)和气温(t_a)、总水汽含量 Q 后的影响。表中数据表明，与大气参数 t_a 和 Q 相比，海表温度的影响更为显著。基于 ATLANTEX-90 实验数据表明，OST 的天气尺度变化比近表层大气和湿度变化小一个量级，这是海洋上层热量惯性(heat inertia)作用影响的结果。

表 2.2　用各种辐射模型模拟得到的 SOA 亮温近似计算总热通量的均方根误差

（d 列表示广义模型，其他列表示简化模型）

波长/cm	近似误差/(W·m^{-2})				
	d	d_t_s	d_V	d_t_a	d_Q
0.56	27.8	27.8	28.2	48.5	27.8
0.8	26.6	26.8	27.3	27.0	37.8
1.35	27.0	27.2	28.4	27.5	35.9
1.6	26.1	26.3	27.8	26.6	35.9
3.2	34.2	34.2	30.2	34.3	39.4

　　表 2.3 分析了由向下 MCW 传感器模拟卫星和飞机测量结果得到的 SOA 亮温变化与参数 q_{he} 的天气尺度变化之间的关系，同时也给出了基于船载向上（1）和向下（2）传感器探测的分析结果。SOA 亮温是采用辐射公式（2.1）～（2.5），基于 ATLANTEX-90 固定位置观测阶段 Volna 号观测得到的 t_s、V、t_a 和 Q 观测信息计算得到的。表 2.2 和表 2.3 的分析结果表明，参数 t_a 和 Q 是建立大气水汽共振线 1.35 cm 处 SOA 亮温与区域（5.4～5.9 mm）地表热通量衰减（辐射）之间关系的主要因子。且不论基于何种观测手段（卫星、飞机和船舶）获取的数据进行分析，均可以看出相比于天气尺度时空范围内大气参数 t_a 和 Q 的影响，海洋表面温度对 SOA 亮温的影响是被动的。

表 2.3　1990 年 4 月不同观测高度毫米级和厘米级的 SOA 亮温模拟值与

Volna 船所记录的参数 q_{he} 的相关性

波长/cm	0.54	0.56	0.59	0.80	1.0	1.35	1.6	3.2	5.0
卫星观测	0.48	0.69	**0.92**	**0.87**	**0.87**	**0.83**	**0.88**	0.77	0.74
飞机观测	0.77	**0.90**	**0.89**	**0.84**	**0.85**	**0.86**	**0.88**	0.75	0.73
船载（1）	**0.86**	**0.87**	**0.85**	**0.80**	**0.81**	**0.84**	**0.86**	0.74	0.72
船载（2）	**0.81**	0.73	0.71	**0.80**	**0.82**	0.78	**0.82**	**0.80**	0.70

注：其中单元格中数字加粗表示该相关系数大于或等于 0.8

　　图 2.6 说明了在 1500 m 高度上观测得到的气温参数 t_{1500} 和大气总水汽含量 Q 作为瞬态因子，对形成 SOA 亮温与近地表热通量关系具有重要作用。其中 t_{1500} 和 Q 是根据 1990 年 4 月 8—13 日在船舶上进行的高空测量估算得到的。从图中所示可以看出，垂直湍流动量 q_v 与近地表风速 V 之间存在密切的相关性。图 2.7 用来自 R/V Volna 号的 ATLANTEX-90 实验数据同样验证了这一结果。

　　这种规律性预示了 SOA 亮温和动量通量之间明显的直接相关性。如可以证明，基于 ATLANTEX-90 船载观测估算得到大气海洋交界面动量通量与模式计算得到卫星观测高度上 3～5 km 波段的 SOA 亮温之间存在密切的相互关系，同时上述亮温变化主要受水面风应力强度的变化控制。这一结果很好理解，根据公式（1.3）可知，动量通量与密度 ρ 和阻力系数 C_v 有关，因此也与风速相关。

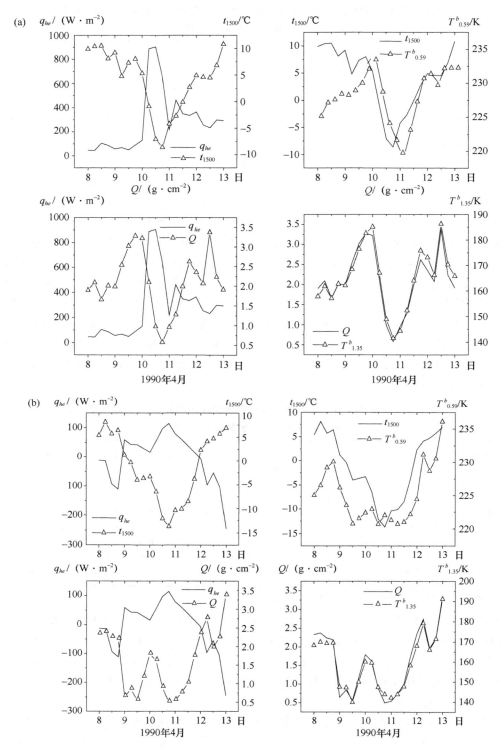

图 2.6 (a)1990 年 4 月 8—13 日在 Victor Bugaev R/V 号观测点获取的 5.9 mm 和 1.35 cm 波长处的热通量 q_{he}、大气温度 t_{1500}、大气总水汽含量和 SOA 亮温的比较结果。(b)与(a)相同,数据来源于 Volna 号观测点

1990 年 4 月 8—13 日,当 q_v 变化范围为 0.044~0.9 N・m^{-2}时,3.2 cm 波长处亮温 T^b 的变化与 Victor Bugaev 号观测得到的参数 q_v 的相关系数 R 高达 0.96,而两者的均方根误差 d 为 0.043。对于 R/V Musson 号观测结果,当 q_v 变化范围为 0.013~0.57 N・m^{-2}时,对应的相关系数 R 为 0.95,均方根误差 d 为 0.05。而对于 Volna 号,q_v 在 0.014~0.42 N・m^{-2} 范围内对应参数为 $R=0.89,d=0.06$。

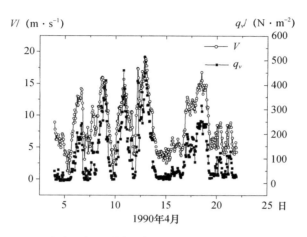

图 2.7　ATLANTEX-90 试验固定观测阶段每小时近地面风速和动量通量观测随时间的分布

2.3.2　SOA 热量和 MCW 辐射特征对中纬度气旋影响的反馈

天气尺度系统的移入和移出会影响海洋区域 SOA 环境特征及其对辐射信号的响应。图 2.2 和图 2.3 表明,海洋区域的 SOA 亮温变化在气旋经过期间最为明显,这导致了近地表空气温度、湿度、热通量以及 SOA 亮温的显著变化。而大气焓作为水平热量与水汽传递的直接指标,同时影响着系统的近地表热和整体(对高度平均)MCW 辐射特性,并可能成为二者之间的一种瞬态特性。

图 2.8 比较了大气边界层(Atmosphere Boundary Layer:ABL)焓和总热通量,其中 ABL 的焓是根据 Victor Bugaev 号和 Musson 号上收集的 10 m、100 m、200 m、300 m、400 m、500 m、900 m 和 1000 m 高度的高空气象探测数据计算得出,计算方法与 Pinus(1982)和 Perevedentsev(1984)所用一致;总热通量则采用的是 1990 年 4 月 8—13 日 ATLANTEX-90 实验固定观测阶段强气旋经过时获取的数据信息。

在 ATLANTEX-90 实验固定观测阶段,其他中纬度气旋在 R/Vs . Bugaev、Musson 和 Volna 位置及其附近活动期间也观察到类似的结果。因此,可以考虑大规模的水平(平流)热量和水分传递是引起垂直湍流通量的一个重要因素,从而调节海洋和大气之间的热量平衡。Abyzyarov 等(1988)也指出,纬向环流指数对岛屿区域边界层热通量具有显著影响。

图 2.9 也说明了气旋经过期间,波长 5.9 mm 和 1.35 cm 处 ABL 焓 J_{1000} 与 SOA 亮温变化的关系。图中显示,ABL 焓的天气尺度变化在大气氧(5~6 mm)和水汽(1.35 cm)波段内激发了 SOA 亮度和温度的明显变化,量值从 12 K 变化为 45 K。此外,亮温的响应滞后于焓变 18~24 h。这种特性在伴随 ABL 温度和湿度剧烈变化的气旋活动期间尤为明显。

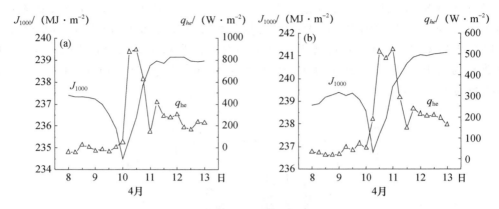

图 2.8　气旋经过（a）Victor Bugaev 号和（b）Musson 号观测点时总热通量 q_{he} 与
大气边界层内焓 J_{1000} 随时间的变化特征

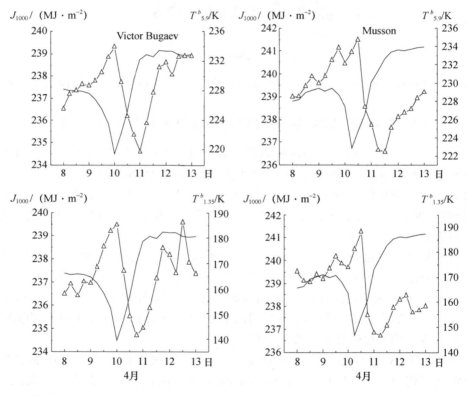

图 2.9　气旋经过 Bugaev 和 Musson 号位置期间（1990 年 4 月 8—13 日），波长 0.59 cm 和 1.35 cm 处
SOA 亮温对 ABL 焓 J_{1000} 变化的响应建模（—J_{1000}—△—T^b）

2.4　小结

　　基于大量观测信息分析结果表明，大气温度和湿度的天气尺度变化特征与海洋—大气热相互作用的强度有密切的相关性。与近地表大气温度和湿度相比，海洋表面温度对 SOA 亮温

与地表热通量关系的影响是一个被动因素。

根据 ATLANTEX-90 的实验数据分析可知,ABL 内由于大气中大尺度水平热量和水汽传输导致的温度和湿度的变化特征对 SOA 交界面垂直热量和水汽通量湍流活动起到控制作用,同样也影响系统自然 MCW 辐射的强度。

SOA 亮温和表面热通量之间的相关性在大气水平热传递特征出现强烈变化时表现得最为显著,特别是在气旋活动频率高的海洋地区。大气水汽和氧分子的自然 MCW 辐射共振衰减带中的海洋—大气系统亮温信息,不仅可以定量表征表面感热和潜热通量,同时也与天气尺度大气边界层的熵具有显著相关。

参考文献

Abuzyarov Z K,Kudryavtseva K I,Seryakov E I,et al,1988. Marine forcasting. Gidrometeoizdat,Leningrad in Russian.

Basharinov A E,Gurvich A S,Egorov S T,1974. Radio emission of the planet Earth. Nauka,Moscow in Russian.

Grankov A G,Milshin A A,Soldatov V Ju,2010. Computing the response of the ocean-atmosphere system to the heatflux variations. Issledovanie Zemli iz kosmosa 1:55-71,Russian.

Gulev S K,Kolinko A V,Lappo S S,1994. Synoptic interaction between the ocean and atmosphere in middle latitudes. Gidrometeoizdat,St. Petersburg in Russian.

Lappo S S,Gulev S K,Rozhdestvenskii A E,1990. Large-scale heat interaction in the ocean-atmosphere system and energy—active zones in the world ocean. Gidrometeoizdat,Leningrad in Russian.

Perevedentsev Ju P,1984. Circulation and energy processes in the atmosphere. Kazan University,Kazan in Russian.

Pinus N Z,1982. Available potential energy in the atmosphere and it transformation in the kinetic energy. Meteorologiya i Gidrologija 4:106-116,Russian.

第3章 热通量与 SOA 亮温相关参数的关系建立

3.1 大气总水汽含量与热通量的关系分析

3.1.1 存在问题

大气总水汽含量可以提供近地表空气湿度 e 和温度 t_a 的信息，这些信息在大气—海洋热相互作用中起着关键作用（Snopkov，1977；Liu，1986；Grankov，1992；Grankov and Milshin，1994，1995）。参数 Q、e 和 t_a 之间的相关性在季节尺度上的表现最为显著。因此，利用大气总水汽含量作为近地表大气温度和湿度的因子是利用卫星观测信息分析海洋—大气热相互作用特征的季节和年际变化的有效方法（Liu，1988；Grankov，1992）。

然而，由于天气尺度海洋—大气相互作用的局地性与多变性，研究大气水汽总量之间与海洋—大气热量交换强度在天气尺度相关关系是一个更复杂的任务，尤其在有限时空出现相互作用能量集中的情况（Gulev et al，1994）。针对这一方面的研究目前还十分有限，且结果大多是定性的。如 Lebedeva（1991）基于 ATLANTEX-90 实验数据分析认为："大气中总水蒸气含量由感热和潜热通量的值以及对潜热值的影响决定。"

为了证明使用卫星 MCW 辐射测量方法研究海洋—大气热相互作用的季节和天气尺度信号的有效性，需要同时回答以下两个问题：

1. 是否可以用大气中水汽总量作为天气尺度范围内近地表温度 t_a 和湿度 e 的定量指标。

2. 如果可以，是否有可能用大气水汽来代替基于全球整体空气动力方法的半经验关系中的 t_a 和 e 参数来估计海洋—大气界面感热通量和潜热通量的天气尺度变化。

利用 1990 年 4 月在纽芬兰 EAZO 对 R/V Volna 号观测的气象和高空测量数据分析结果，可以对上述问题进行解答（Grankov and Novichikhin，1997）。

3.1.2 ATLANTEX-90 气象和高空观测数据分析

1990 年 4 月实验阶段，Volna 号科考船位于拉布拉多冷流的东支，距离拉布拉多冷流和温暖的准静止的墨西哥湾流反气旋涡旋形成的海洋锋约 40n mile（1 n mile＝1852 m）。涡旋导致了气旋的再加强，并使得该地区海洋和大气参数出现强的天气尺度变化（Gulev et al，1994）。此时，在气旋经过的影响下，4 月 15—19 日观测区域海表温度、湿度、大气总水汽含量的振幅分别达到 9.9 ℃、4.7 mb、3.5 g·cm^{-2}，相比 4 月一般情况下的均方根误差要大 3～5 倍。根据该实验阶段每小时观测数据，计算得到了 1990 年 4 月 4—20 日大气近地表温度 t_a、湿度 e 和总水汽含量 Q 及其变化情况（图 3.1）。可以看出，t_a、e、Q 参数的天气尺度变化之间存在很强的相关性，其相关系数分别为：$r(t_a,e)=0.96$，$r(t_a,Q)=0.88$，$r(e,Q)=0.89$。利用 Victor Bugaev 和 Musson 号科考船也可以得到类似的分析结果。

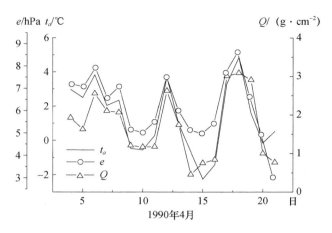

图 3.1　ATLANTEX-90 实验中 Volna 号科考船固定观测阶段 t_a、e、Q 参数的相关性分析

表 3.1 以线性回归关系($y=A+B_x$)分析了 ATLANTEX-90 实验中 Volna 号科考船固定观测阶段 t_a、e、Q 参数特征,用来分析该观测阶段大气温度和湿度的变化规律。从表中结果可以看出,虽然该时空范围内由于气旋系统的影响参数的数值出现明显变化,然而参数间仍然表现出稳定的强相关性特征。其中日平均 t_a 和 e,t_a 和 Q 之间具有最为稳定的回归关系,表现为这些参数的组合参数的系数 B 的变化率仅为 e 和 Q 组合参数系数变化率的一半,而比参数 A 的系数变化率则要小一个量级。

表 3.1　**ATLANTEX-90 实验中 Volna 号科考船固定观测阶段 t_a、e、Q 参数的回归参数**

数据	回归参数								
1990 年 4 月	t_a 和 e			e 和 Q			t_a 和 Q		
系数	A	B	r	A	B	r	A	B	r
4～8	5.33	0.67	0.96	−0.86	0.41	0.59	1.24	0.30	0.62
4～10	5.40	0.64	0.99	−0.93	0.42	0.90	1.31	0.27	0.90
4～12	5.39	0.63	0.99	−1.34	0.48	0.91	1.25	0.31	0.92
4～14	5.42	0.62	0.99	−1.83	0.55	0.89	1.15	0.35	0.91
4～16	5.67	0.51	0.96	−2.08	0.59	0.91	1.23	0.32	0.92
4～18	5.67	0.55	0.97	−2.33	0.63	0.93	1.24	0.35	0.93
4～20	5.62	0.56	0.96	−2.24	0.63	0.89	1.29	0.36	0.88

(Grankov and Novichikhin,1997)

上述结果表明,在天气尺度时空范围内,大气总水汽含量 Q 与近地表气温 t_a 和湿度 e 有密切的相关关系,因此能够使用大气总水汽含量 Q 代替气温 t_a 和湿度 e,作为海洋大气界面热量交换过程在量化参数,实现卫星 MCW 辐射信息的直接应用。

3.1.3　体积公式的重建

为了解决大气总水汽含量 Q 能否取代近地表气温 t_a 和湿度 e 来分析潜热和潜热通量的天气尺度变化,利用 R/V Volna 号科考船水文气象观测信息和独立高空观测得到的参数 Q 计算了 q_h 和 q_e 的原始值,采用的是 Guidelines(1981)的标准方法,计算公式为:

$$q_h^* = c_0 + c_1 t_s V + c_2 t_a V \tag{3.1}$$

$$q_h^* = c_0 + c_1 t_s V + c_2 Q V \tag{3.2}$$

其中 t_s、t_a、V 和 Q 分别表示 18 d 内（4 月 4～21 日）测量得到的海洋表面温度、近地表气温、风速和水汽总含量平均每 24 h 和 6 h 标准数据。c_0、c_1 和 c_2 是基于最小二乘法确定的系数，是通过最小化通量 q_h 的原始值与其估计值 q_h^* 在 24 h 和 6 h 平均之间余差 d 得到的。

潜热 q_e 也采用类似的参数化方法进行计算，即：

$$q_e^* = c_0 + c_1 t_s V + c_2 e V \tag{3.3}$$

$$q_e^* = c_0 + c_1 t_s V + c_2 Q V \tag{3.4}$$

图 3.2 和图 3.3 给出了原始感热 q_h 和潜热通量 q_e 的原始 24 h 平均值，以及两者的估计值 q_h^* 和 q_e^*。公式（3.1）和（3.3）包含了在传统体积计算公式中使用的参数，能够在广泛的空间和时间尺度以类似的形式计算感热和潜热通量。然而尽管体积参数化中系数与近表层风速相关，但是公式中 c_0、c_1 和 c_2 是不发生变化的。而公式（3.2）和（3.4）分别在上述两个方案的基础上，将近地表温度 t_a 和水汽压 e 替换为 Q，因此只包含了由卫星 MCW 和红外辐射观测得到的 SOA 信息。

基于 ATLANTEX-90 实验固定观测阶段的日平均感热和潜热通量的计算结果（图 3.2 和图 3.3）分析可以看出，公式（3.2）和（3.4）提供了一个相当准确的均值近似。同时可以看出，观测原始值 q_h 和 q_e 与公式（3.2）和（3.4）计算得到的估计值 q_h^* 和 q_e^* 高度相关，也就是说，采用大气总水汽含量来分析海洋—大气界面感热和潜热通量特征是合理的，这一结果也是对大气总水汽含量与海洋—大气热交换强度之间的关系的定量证明（Lebedeva，1991）。

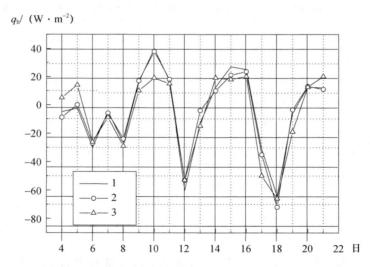

图 3.2　1990 年 4 月感热通量原始值（1）以及分别从公式（3.1）和（3.2）计算的近似估计值。其中 2 和 3 分别对应基于公式（3.1）和（3.2）的计算结果

为了更加全面理解上述天气尺度潜热感热通量的参数化方法，表 3.2 给出了基于 AT-LANTEX-90 固定观测阶段数据的分析结果，包括原始观测值与估计值（q_h 和 q_h^* 以及 q_e 和 q_e^*）之间的余差 d 和相关系数 r，标准观测数据不同时段平均下的系数（c_0、c_1 和 c_2）。可以看出，公式（3.2）和（3.2）表现为具有最大的相关系数值（r）和最小的余差值（d），是计算海洋大气界面感热和潜热通量特征的有效方法。

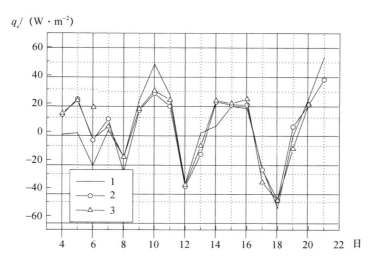

图 3.3　1990 年 4 月潜热通量原始值(1)以及分别从公式(3.1)和(3.2)计算的近似估计值。
其中 2 和 3 分别对应基于公式(3.3)和(3.4)的计算结果

从表 3.2 的计算数据可以看出,体积参数化公式中近表层大气温度和湿度能够由大气总水汽含量取代。由公式(3.2)估算得到的感热通量的余差为 10~13 W·m^{-2},而感热通量的变化(Δq_h)在 24 h 和 6 h 平均上分别为 100 W·m^{-2} 和 160 W·m^{-2}。同时在不同平均时段上,由公式(3.4)估算得到的潜热通量余差与潜热通量变化(Δq_e)的比较为:$d = 12$ W·m^{-2},$\Delta q_e = 105$ W·m^{-2}(24 h 平均)和 $d = 15$ W·m^{-2},$\Delta q_h = 205$ W·m^{-2}(6 h 平均)。计算有效信号/噪音比例($\Delta q/d$)可以看出,24 h 平均转变到 6 h 平均的结果没有出现明显下降,这也从一定程度上反映了 Q 与 t_a 的相关关系在日平均尺度以及动力(日内变化)尺度上的稳定性。

表 3.2　6 h(分子)和 24 h 平均(分母)感热(q_h)和潜热(q_e)通量不同参数化方法比较

参数化公式	c_0	c_1	c_2	r	d
$q_h^* = c_0 + c_1 t_s V + c_2 t_a V$	1.61/−0.84	1.53/1.64	−1.36/−1.36	0.99/0.99	4.16/4.09
$q_h^* = c_0 + c_1 (t_s - t_a) V$	3.24/1.99	1.35/1.34	—	0.99/0.99	4.23/4.21
$q_h^* = c_0 + c_1 t_s V + c_2 Q V$	22.7/17.9	0.61/1.45	−0.02/−0.02	0.91/0.93	13.0/10.4
$q_h^* = c_0 + c_1 t_s V + c_2 e V$	27.0/27.4	1.99/1.98	−0.93/−0.94	0.89/0.91	14.0/11.6
$q_h^* = c_0 + c_1 t_s V + c_2 Q$	24.2/25.6	8.30/12.3	−0.23/−0.27	0.76/0.85	20.0/14.6
$q_h^* = c_0 + c_1 t_a$	12.3/12.0	−13.0/−12.8	—	0.88/0.90	14.6/12.4
$q_h^* = c_0 + c_1 Q$	36.4/43.8	−0.24/−0.28	—	0.76/0.84	20.3/15.3
$q_h^* = c_0 + c_1 t_s$	−30.6/−39.1	20.2/26.9	—	0.29/0.37	29.8/26.0
$q_e^* = c_0 + c_1 t_s V + c_2 e V$	25.7/27.1	2.70/2.64	−0.91/−0.93	0.86/0.89	15.4/1.3
$q_e^* = c_0 + c_1 t_s V + c_2 t_a V$	1.36/0.31	2.17/2.14	−1.29/−1.28	0.94/0.93	10.4/9.73

参数化公式	c_0	c_1	c_2	r	d
$q_e^* = c_0 + c_1 t_s V + c_2 QV$	21.6/17.8	1.35/2.04	−0.02/−0.02	0.87/0.89	14.7/12.2
$q_e^* = c_0 + c_1 t_s V + c_2 Q$	31.2/32.0	8.71/12.2	−0.23/−0.26	0.79/0.85	18.6/14.1
$q_e^* = c_0 + c_1 t_s$	17.6/1.7	−11.2/−11.3	—	0.78/0.82	18.7/15.7
$q_e^* = c_0 + c_1 Q$	43.9/49.9	−0.24/0.27	—	0.78/0.84	18.9/14.8
$q_e^* = c_0 + c_1 e$	122.0/118.0	−19.2/−18.6	—	0.92/0.94	11.9/9.5

表 3.2 也表明，当海表面温度 t_s 与近表层风速 V 结合在一起后，大气总水汽含量可作为表征海洋—大气热量和水汽交换的有效物理量。同时，基于 ATLANTEX-90 实验观测数据分析可知，近地表大气温度、湿度与大气总水汽含量具有显著的强相关关系。因此，可以利用在天气尺度时空范围内与卫星观测的 MCW 和 IR 自然辐射信息直接相关的 SOA 参数组合来重建参数化方法，从而直接计算得到的海面潜热和感热垂直通量。

3.2　近表层风在热通量计算中的作用

3.2.1　具体目标

本节继续分析利用卫星 MCW 辐射数据修正体积公式，分析近表层风在天气尺度海洋—大气界面中热交换过程中作用(Grankov,2011)，具体来说，就是研究表面风速 V 对体积公式中海洋—大气温差的影响。

研究采用的原始数据是来自 ATLANTEX-90 实验中，1990 年 4 月对纽芬兰 EAZO 区域 Victor Bugaev 号、Musson 号、Volna 号 3 艘科考船的观测结果，主要包括：

1. 每小时海面温度 t_s，近表层大气温度 t_a、湿度 e 和风速 V。

2. 基于上述观测数据，利用参数化方法计算得到的每小时感热通量 q_h 和潜热通量 q_e。

需要注意的是，在北大西洋这一区域，海洋—大气界面热量和水汽交换过程在性质上存在差异。如 Victor Bugaev 和 Musson 号位于湾流暖水区域，观测到海洋对大气的热量输送，而位于 Labrador 洋流冷水区域的 Volna 号则观测到大气热量向海洋的输送。此外，3 艘科考船所在位置上海洋—大气相互作用的强弱上也存在定量差异，Victor Bugaev 号、Musson 号、Volna 号观测的总热通量振幅分别为 800 W·m^{-2}，500 W·m^{-2}，350 W·m^{-2}(Gulev et al, 1994)。

3.2.2　风场因子的影响分析

为了理解风场在海洋—大气相互作用中的影响，比较了 1990 年 4 月 Victor Bugaev 号、Musson 号和 Volna 号所在位置观测得到的海洋表面温度 t_s 和大气层近地表温度 t_a 之间的差异(Δt)，并引入复合参数 $\Delta t = (t_s - t_a)V$，在考虑海洋—大气界面的热特性的基础上，加入了近地表风速所确定的动态特性。从分析结果可以看出(图 3.4)，加入风速因子 V 后，使得总热通量与温差之间的相关性更为严格。比较总热通量与温差(左图)以及总热通量与复合参数

(右图)的相关系数 r 可以看出,3 艘科考船的观测结果均显示出相关系数量值的明显增大,分别从 0.82、0.82 和 0.89,增大至 0.94、0.93 和 0.97。这一结论也与体积公式重建过程中各参数化版本的分析结果一致(表 3.2)。

　　因此,在分析天气尺度海洋大气热量和水汽交换过程时,表面风是非常重要的因子。从 ATLANTEX-90 实验数据的分析结果可以看出,加入表面风速能够明显地减少体积公式参数得到的热通量偏差,从而能够更加有效地实现基于卫星 MCW 辐射观测信息对海洋大气的热交互作用的分析。

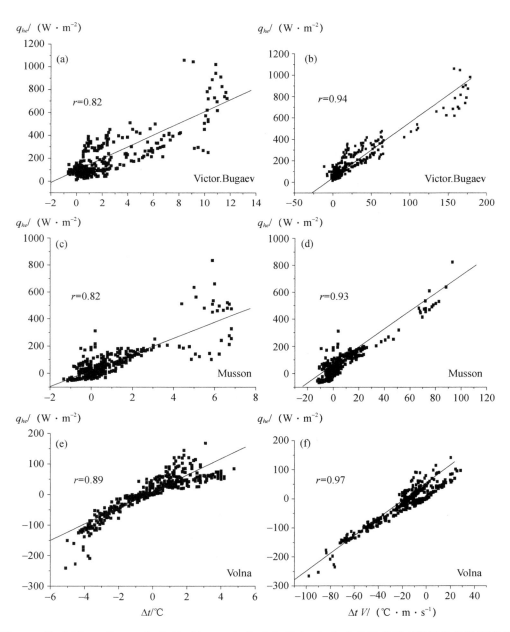

图 3.4　基于 Victor Bugaev(a 和 b)、Musson(c 和 d)和 Volna(e 和 f)号科考船观测信息分析得到的
总热通量与海气温差(左列)以及复合参数(右列)相关性比较

3.3 月平均海洋—大气温差与 MCW 和 IR 辐射强度之间的关系

3.3.1 研究问题

前文研究已表明，SOA 亮度温度和地表热通量之间的直接关系在天气尺度海洋—大气相互作用过程中同样适用。然而，这些关系在受到短期强烈天气系统影响的地区会变得更加明显，例如中纬度气旋会在海洋—大气缓慢季节性动态相互作用的背景下，出现大气和 SOA 自然辐射特征的快速扰动。这种情况下出现了以下问题：当气旋活动周期与主导的"平静"期（即缺乏强风暴、云量和降水）交替出现时，SOA 亮温和热通量之间的关系在季节尺度上能够维持其月平均值吗？

首先，本书第 1 章就给出了综合分析季节尺度上海洋—大气系统界面辐射和热交换特征的理论背景，即近地表月平均大气温度、湿度与上层大气是密切相关的。因此，本节的主要目的是模拟 SOA 自然 MCW 和红外辐射月平均特征的季节动态，并分析其与海洋表层温度月平均差以及近地表大气温度月平均差的季节动态关系（Grankov and Usov，1994）。

众所周知，参数 $\Delta t = t_s - t_a$ 直接决定了海洋和大气大规模相互作用下感热和潜热的垂直湍流通量，同时由于北大西洋 Δt 的多年平均（气候）值与海洋—大气热交换的多年平均值具有很好的一致性，因此研究的中心位置是在墨西哥湾流的能量活跃区，该区域能够获得大量的海洋、气象和其他数据资料。主要研究内容包括：

1. 利用海洋、水文和气象观测数据模拟 MCW 和 IR 的被动辐射观测信息，并计算湾流 EAZO 区域 SOA 的 MCW 和 IR 温度及其季节变化。

2. 分析 SOA 参数（以 t_s 和 t_a 为重点）对该区域厘米、毫米和红外波段的 MCW 和 IR 辐射强度的影响。

3. 分析了不同波段 MCW 和红外辐射强度与参数 Δt 之间相关关系的稳定性。

4. 找到厘米、毫米和红外波段内能够反映微波辐射与 Δt 及其季节变化稳定相关性的频谱范围。

在分析中，使用了在墨西哥湾流 EAZO 部分区域收集的长期海洋和气象观测数据，该区域是一个以点（船站）为中心的 5°见方的正方形区域，其中坐标为（38°N，71°W）即为所谓的 H 点（HOTEL）。本节采用了公式（2.1）～（2.5）所描述的模型（第 2 章），计算微波和红外的 SOA 辐射特性及其时间变化。

3.3.2 近似和应用限制

SOA 辐射特征的分析是在假定海面平静、大气无云的情况下进行的，而这些情况在 SOA 中出现的频率约为 50%（Shutko，1986）。此外，一项特别的研究结果表明，SOA 亮温的月平均值以及从卫星传感器（微波）反演到的月平均值参数的估计实际上与风速、云量和降水强度无关。

根据 Handbook（1977）和 Basharinov 等（1974）引用的经典方法，在温度变化范围内计算了海洋表面自然辐射强度，同时基于理论（Zhevakin and Naumov，1964，1965）和经验（Arefjev，1991；Paramonova，1985）关系，对考虑水汽含量（微波和红外）、氧分子（微波）和气溶胶（红外）后的大气衰减率 γ 进行了数值估算。

研究表明,自然大气中 MCW 和红外波长范围内的辐射衰减是由气温 t_a、密度 ρ、气压 P 以及上述参数的垂直分布造成的。因此,本节采用标准大气模型(Xrgian,1978)来计算参数 t_a、ρ 和 P 月平均量值,计算式为:

$$T_a(h) = T_a(0)\exp[-0.02h], T = t + 273 \tag{3.5a}$$

$$P(h) = P(0)\exp[-0.125h] \tag{3.5b}$$

$$\rho(h) = \rho(0)\exp[-ah] \tag{3.5c}$$

公式(3.5c)中的参数 a 是由近表层大气月平均水汽压 $e(0)$ 和总水汽含量 $Q = \int_0^H \rho(h)dh$ 决定的。考虑到近表层月平均水汽压 $e(0)$(单位:mb)与密度 $\rho(0)$(单位:$\text{kg} \cdot \text{m}^{-3}$)满足:

$$\rho(0) = 0.22e(0)/t_a(0) \tag{3.6}$$

综合公式(3.5c)和(3.6)可得:

$$a = 0.22e(0)/Qt_a(0) \tag{3.7}$$

单位:km^{-1}。

由于北大西洋主要活动区(包括墨西哥湾流区)$P(0)$ 的季节尺度变化值约为 $10 \sim 15$ mb,故将各季节的近地表气压取为其标准值 $P(0) = 1013$ mb(Handbook,1979)。在 1.35 cm 微波和 $8 \sim 12~\mu\text{m}$ 的红外波段,由于气压导致的天然电磁辐射线吸收变化分别不超过平均年(气候)吸收的 $0.5\% \sim 0.7\%$ 和 $1\% \sim 1.5\%$,因此气压导致的天然电磁辐射线吸收变化在季节尺度上是可忽略的。而由于近地表空气湿度的变化而对微波和红外吸收的季节性变化产生影响能够达到 10%,是需要关注和考虑的。

3.3.3　SOA 的自然辐射与近地表大气特征之间的关系

根据表 3.3 中给出的参数 t_s,$t_a(0)$,a,$\rho(0)$ 和 Q 的月平均值计算波长范围为 3 mm $\sim$ 8.5 cm 内的亮温月平均值和 $8.5 \sim 14~\mu\text{m}$ 窗区的辐射温度月平均值,其中表 3.3 所列的月平均参数为各季节墨西哥湾流活跃区用来计算自然 MCW 和红外辐射的原始观测信息。

表 3.3　北大西洋墨西哥湾流活动区的月平均(气候)温度和湿度特征

月份	2 月	5 月	8 月	11 月
t_s/K	286	291	298	293.5
$t_a(0)$/K	282.5	289	297	289.5
$e(0)$/mb	11	7	26	15
$Q/(\text{g} \cdot \text{cm}^{-2})$	1.0	2.3	3.5	1.5
$\rho(0)$	8.6	12.9	19.2	11.4
a/km^{-1}	0.86	0.56	0.55	0.76

从计算结果可以看出,SOA 的自然红外和 MCW 辐射对近地表大气温度和湿度的季节变化最为敏感区域包括:红外辐射相对透明度为 $9 \sim 10~\mu\text{m}$ 的窗区、氧对分子 MCW 辐射的 5 mm 共振吸收线附近、水汽对 MCW 辐射的 1.35 cm 共振吸收线以及 $3 \sim 8$ cm 的非共振光谱区间

内(图 3.5)。此外,图 3.5 给出了 SOA 亮温 T^b 月平均值与参数 t_s,$t_a(0)$,a,$\rho(0)$ 和 Q 之间的线性回归关系,可以看出在冬—夏季,上述参数变化对于 T^b 影响的相对大小主要体现在 5.7 mm、1.35 cm 和 5 cm 波段上。

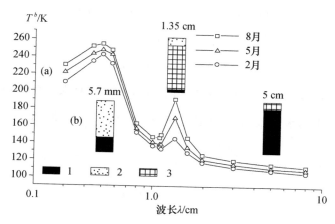

图 3.5　(a)墨西哥湾流活跃区月平均亮温的季节变化以及(b)参数(1) t_s,(2) $t_a(0)$,
(3) Q 对亮温 T^b 变化的相对贡献

值得注意的是,由于亮温 T^b 不仅取决于近地表空气湿度,还取决于其垂直分布。而与 $\rho(0)$ 相比,Q 是决定 1.35 cm 波长处亮温更为重要的因素,因此,图 3.5 中选择了总水汽含量 Q 与 t_s 和 $t_a(0)$ 一起作为关键因子。回归分析的结果揭示了 MCW 和红外辐射与 SOA 参数之间关系的一些重要特征。如 10 μm 和 5 cm 光谱区间内自然辐射强度的季节变化与海洋表面温度 t_s 的季节变化具有较好的相关性。参数 t_a 在波长 5.7 mm 处对亮温变化的贡献较大,参数 Q 的作用则主要体现在水汽吸收带 1.35 cm 处;同时在这些波长下,T^b 和 T^r 的值随 t_s、t_a 和 Q 参数的增加而呈现线性增加特征。此外,在波长 5 cm 处,亮温与海面温度的回归系数 $\Delta T^b/\Delta t_s$ 约为 $0.4\sim0.45$ K·℃$^{-1}$;而波长 1.35 cm 处,亮温与大气总水汽含量的回归系数 $\Delta T^b/\Delta Q$ 的变化范围从 14.4 K·g^{-1}·cm^{-2}(5—8 月)到 17.3 K·g^{-1}·cm^{-2}(2—5 月)。在更短时间尺度(小时或周)上分析的结果也与上述结论一致(Basharinov et al, 1974;Shutko,1986)。

3.3.4　海洋表面和大气近表面温度的月平均差异与 SOA 自然辐射强度的关系

SOA 自然辐射在适当的谱段内能够提供海洋—大气界面热量和水汽交换关键因素信息,即海洋表面温度 t_s 和近表面大气温度 t_a 的信息,并在此基础上确定参数 t_s 和 t_a 的差异,从而分析海洋—大气界面热量和水汽交换的过程。实际应用过程中,参数 t_s 可以通过波长 5 cm 处的 SOA 亮温或波长 10 μm 处的辐射温度的测量数据直接确定。参数 t_a 则可以从 5 mm 共振线附近的 SOA 亮度温度直接估算得到。而当考虑参数 t_a 与 Q 在不同时间尺度上表现出的密切相关性(见第 1 章),t_a 也可以从 1.35cm 波长处 SOA 亮温信息间接计算得到。

为了研究利用微波和红外 SOA 强度辐射分析海洋表面和大气近表面温度的月平均差异 $(\Delta t = t_s - t_a)$ 季节变化的可能性,分析了墨西哥湾流 EAZO 区域 Δt 与不同波长组合$(\lambda_1$ 和 $\lambda_2)$ 下对应月平均值 $I(\lambda_1)$ 和 $I(\lambda_2)$ 的关系,利用该区域参数 t_s,t_a,a 和 $\rho(0)$ 的月平均值,计算 Δt 的初始值以及亮温(辐射温度)的月平均估计值(表 3.4)。

表 3.4　墨西哥湾流活跃区月平均 Δt、亮温和辐射温度的季节变化

物理量变化特征	时间尺度（季节尺度）			
	2—5 月	5—8 月	8—11 月	11—2 月
$\Delta(\Delta t)/℃$	-1.5	-1	3	-0.5
$\Delta T^r(10\ \mu m)/K$	4.1	6.2	-3.2	-7.1
$\Delta T^b(5.7\ mm)/K$	5.6	6.8	-6.4	-6
$\Delta T^b(1.35\ cm)/K$	24	21.1	-34.9	-10.2
$\Delta T^b(5\ cm)/K$	2.5	3.6	-2.5	-3.6

基于表 3.4 中所示数据，可以分析得到下面的回归关系：

$$\Delta_i(\Delta t)=k_1\Delta T_{i1}+k_2\Delta T_{i2}\quad(i=1,\cdots,4) \tag{3.8}$$

其中参数亮温（辐射温度）差中索引下标 i_1 和 i_2 表示不同的波长；与参数 Δt 相关的指数 i 则表示一年中的不同季节。假定系数 k_1 和 k_2 在所有季节都保持不变。

为了评估公式（3.8）在计算 Δt 季节性变化的有效性，需要引入以下分析判据：

1. 指数 $k=(k_1+k_2)^{1/2}$，可以表示 $\Delta_i(\Delta t)$ 的估计值相对于误差 ΔT_{i1} 和 ΔT_{i2} 的稳定性；

2. 公式（3.8）等号左端项与右端项之间的差值 δT，可以理解为 $\Delta_i(\Delta t)$ 真值与其估计值之间的偏差，计算式为：

$$\delta T=\left[\frac{1}{4}\sum\Delta_i-(k_1\Delta_{i1}+k_2\Delta_{i2})\right]^{1/2}\quad(i=1,\cdots,4)$$

表 3.5 列出 6 类 λ_1 和 λ_2 组合的 δT 和 k 的计算结果。表 3.5 中可以看出，当 λ_1 和 λ_2 的光谱区间信息出现相互重复时，δT 和 k 出现显著增大。如组合 3 中 10 μm 和 5 cm 波长均提供了海洋表面温度 t_s 及其季节变化信息，因此 δT 和 k 均出现增大，而 k 的增长尤为显著。此外，还研究了组合波长个数对 δT 和 k 的影响。当组合中波长个数由 2 个增加为 3 个时，δT 减小为 1/3，而系数 k 则增大 2～3 倍。而仅使用一个波长时，如 $\lambda=10\ \mu m$ 时，$\delta T=3.1\ ℃$、$k=0.16$；而 $\lambda=1.35\ cm$ 时，$\delta T=1.4\ ℃$、$k=0.067$。由此可见，当仅使用一个波长的信息时，判据 k 是固定值，而 δT 则无法达到可接受的量值。

表 3.5　不同波长组合下计算得到的指数 k 和 δT

组合	λ_1 和 λ_2	$\delta T/℃$	$k/℃\cdot K^{-1}$
1	10 μm 和 5.7 mm	0.1	1.18
2	10 μm 和 1.35 cm	0.9	0.24
3	10 μm 和 5 cm	0.33	4.2
4	5.7 mm 和 1.35 cm	0.22	0.35
5	5.7 mm 和 5 cm	0.39	2.86
6	1.35 cm 和 5 cm	0.25	0.46

从表 3.5 不同组合的计算结果可以看出，能够达到最优效果的波长组合都包含了 1.35 cm 波长信息，如组合 2（1.35 cm 和 10 μm）、组合 4（1.35 cm 和 5.7 mm）和组合 6（1.35 cm 和 5 cm）。利用同期辐射仪器观测误差（ΔT_{i1} 和 ΔT_{i2}）可以估算出参数 δT 的精度约为 0.25～0.3 ℃，进

而可得到可信的月平均误差 Δt 的季节性变化，以及墨西哥湾能量活跃区的 Δt 的可信区间为 $0.5\sim3℃$。

研究结果表明，尽管 SOA 的辐射特性不仅取决于参数 t_s 和 t_a，而且与空气湿度密切相关，但是使用一对波长来估计参数 Δt 及其季节性变化就可能达到可接收的精度要求。这一事实能够从本质上理解微波和红外辐射对 SOA 热量交换的远程诊断能力，并且可以由研究区域以及中高纬度地区大气月平均温度和湿度特征直接证明。

3.4 亮温在海洋—大气热交换季节和年际特征上的表现

3.4.1 海洋—大气热交换中的温度循环

本节采用气候研究中常用的长期 MCW 辐射观测数据分析方法（lapo et al,1990），来定量计算 SOA 界面的（年平均）总感热通量和潜热通量。这一方法的提出，基于研究者揭示了总热通量取决于月平均海面温度（t_s）和近表层大气温度（t_a）的基础，同时存在一年的提前（滞后）关系。也就是说，海面温度（t_s）和近表层大气温度（t_a）会在一年或者更长的时间范围内相互适应和调整，而在调整期间两者的平均值是相等的。因此，在季节尺度上研究海气热交换的强度以及该过程中不同热量传输情况下的海气界面特征，都需要考虑相关参数的匹配（或不匹配）的程度（Lappo et al,1990）。

月平均 t_s 和 t_a 的年际变化可以在二维坐标系中以特定轨迹——（t_s,t_a）环的形式直观地呈现出来（图 3.6），即直观表达 t_s 和 t_a 随时间推移的演变过程。其中（t_s,t_a）环的面积、方向、与矩形的形状区别程度等几何特征均可以作为 SOA 界面热交换的定量特征。

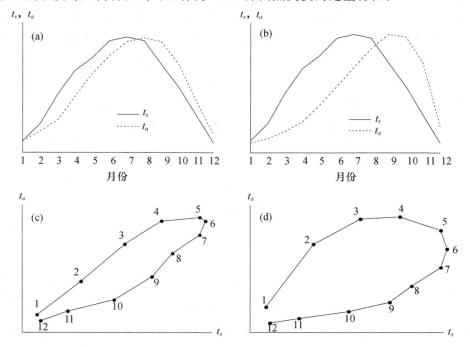

图 3.6　两种不同情况下，月平均 t_s 和 t_a 的年际演变特征（a 和 b）及相空间轨迹（c 和 d）。图中 1～12 表示一年中的每个月份

SOA 自身的特征与 MCW 和 IR 辐射特征之间存在密切的相关性,因此只要选择合适的 SOA 亮温(辐射温度)值来代替 t_s 和 t_a,这个方法就能够有效计算不同海域海气热交换强度及其年热通量和年际变化(Grankov,1992)。

3.4.2　利用亮温循环估计年热通量

基于 SOA 自然 MCW 和红外辐射对海洋表面和大气近表面温度变化的敏感性,可以对 SOA 界面的热交换过程进行建模,即选择合适的波段亮温来建立年际 t_s 和 t_a 的辐射循环图像。例如,选择 $3 \sim 8$ cm 波段内的亮温作为初始数据,该波段内存在 T^b 对参数 t_s 变化灵敏度可能达到的最大值;同时选择 1.35 cm 波段的亮温信息,是由于该波长是大气温度和湿度特征的主要信息来源通道。

与传统计算年热通量的体积公式法相比,这种方法的特点是在随机误差的影响下,计算具有更高的稳定性。在这种情况下,热通量的最终计算结果不仅与选定的(月平均)样本有关,而且还将其季节变化作为一个整体进行了同化,即有效利用了数据的累积特征。如果将 SOA 亮度温度的观测信息与一年中在不同海洋参考区收集的热通量信息进行比较,就能够计算出年热通量及其年际变化。

Handbook(1977)通过比较北大西洋挪威、纽芬兰以及墨西哥湾流活跃区亮温年循环特征与海洋表面温度、大气近表层和整层积分湿度的关系,研究了利用 MCW 辐射方法计算年感热通量的可行性(图 3.7 给出了纽芬兰和墨西哥湾流活跃区的计算结果)。

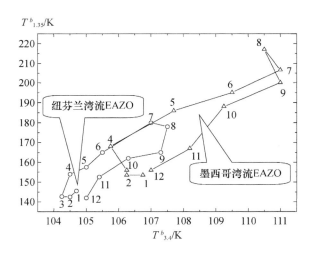

图 3.7　北大西洋纽芬兰和墨西哥湾流能量活跃区 1.35 cm 和 3.4 cm 波长处 SOA 月平均亮温的季节演变。图中 $1 \sim 12$ 表示一年中的每个月份

根据传统气象海洋卫星遥感探测特征,选择了 1.35 cm 和 3.4 cm 波长的亮温信息,并采用 3.3 节中给出的方法进行计算。同时,利用不同机构气候数据分析结果可知,纽芬兰和挪威活动区的年感热通量之比分别为 1.08(俄罗斯国家海洋研究所,SOI)、1.16(俄罗斯国家地理信息观测中心)和 1.41(俄罗斯水问题研究所,IWP);而墨西哥湾流与挪威活跃区年感热通量的比例为 1.24(SOI)到 1.59(IWP)。从图 3.7 中可以看出,墨西哥湾流能量活跃区的亮温循环较大,说明该区域年感热通量较高,这是由于该海区强烈的海洋表面蒸发所导致的。

　　然而实际上,不同学者对年热通量的估计还是存在很大的差别(表 3.6),这就导致了在 SOA 界面中对热交换过程的 MCW 辐射计算结果的验证出现了一些分歧。同时比较了综合海洋大气数据集(Comprehensive Ocean - Atmosphere Data Set:COADS)、美国国家环境预报中心(National Centers for Environmental Prediction:NCEP)、欧洲中期天气预报中心(European Centre for Medium Weather Forecasts:ECMWF)、戈达德卫星表面湍流通量(Goddard Satellite-Based Surface Turbulent Fluxes:GSSTF)以及日本卫星遥感海洋通量数据集(Japanese Ocean Flux Data Sets with Use of Remote Sensing Observations:J-OFURO))不同来源的数据集后,发现对于纬向平均表明潜热通量的计算也存在比较明显的差异。采用 Curry 等(2004)和 Kubota 等(2002)引用的数据分析表明,赤道附近气候月平均潜热通量的平均值为 $140 \sim 150 \ W \cdot m^{-2}$,变化范围在 $50 \sim 60 \ W \cdot m^{-2}$;北半球高纬地区月平均潜热通量的平均值为 $70 \sim 90 \ W \cdot m^{-2}$,变化范围在 $15 \sim 20 \ W \cdot m^{-2}$。南半球高纬地区潜热通量的变化更大。

表 3.6　北大西洋活跃区年热通量计算比较

作者(年份)	热通量/$W \cdot m^{-2}$			
	挪威 EAZO	纽芬兰 EAZO	墨西哥湾流 EAZO	热带 EAZO
Budyko (1962)	140	230	285	170
Bunker (1976)	150	240	380	165
Mintz (1979)	110	235	220	180
Lappo et al(1990)	200	245	385	185
Birman et al(1983)	70	120	185	155
Strokina (1989)	90	235	240	170
Grassl et al(2000)	120	120	200	150

3.5　小结

　　本节利用与 MCW 和红外自然辐射的卫星反演特性直接相关的海洋—大气系统参数组合,对天气尺度表面感热和潜热通量的计算方法进行了修正。同时研究表明,大气中水汽和氧分子对自然辐射共振吸收带内的 MCW 亮温(或红外辐射温度),可以作为评估海气界面热交换季节和年际变化特征的直接参数。

参考文献

Arefjev V N,1991. Molecular absorption of emission in the window of relative transparency of the atmosphere 8—13 mcm (review). Fizika Atmosfery i Okeana 27:1187-1225,Russian.

Basharinov A E,Gurvich A S,Egorov S T,1974. Radio emission of the planet Earth. Nauka,Moscow in Russian.

Birman B A,Larin D A,Pozdnyakova T G,1983. Some questions of climatology of heat exchanges in energy active zones of the World ocean. Meteorologiya I Gidrologiya 5:79-86,Russian.

Budyko M I,1962. The Earth heat balance atlas. AN SSSR,Moscow in Russian.

Bunker A F,1976. Computations of surface energy flux and annual sea—air interaction cycles of the North Atlantic ocean. Mon Wea Rev 96:1122-1140.

Curry J A,Bentamy A,Bourassa A,2004. Satellite-based datasets of surface turbulent fluxes over the global oceans are being evaluated and improved. Americ Meteorol Soc 3:409-424.

Grankov A G,1992. Microwave—radiometric diagnostics of integral fluxes of sensible heat at the ocean-atmosphere boundary. Izvestija,Atmosph Oceanic Phys. 28:883-889.

Grankov A G,Milshin A A,1994. On correlation of the near—surface and total atmosphere humidity with the near—surface air temperature. Meteorologiya i Gidrologiya 10:79-81,Russian.

Grankov A G,Milshin A A,1995. A study of intercorrelation between thermodinamical parameters of the atmosphere for validating satellite MCW and IR-radiometric methods of determining its near-surface temperature. Institute of Radioengineering and Electronics RAS (Preprint No. 3(603),Fryazino in Russian.

Grankov A G,Novichikhin E P,1997. Formulas of heat and moisture exchange between ocean and atmosphere used in radiometric satellite data assimilation. Russian Meteorology and Hydrology Allerton Press 1: 81-90.

Grankov A G,2011. On the role of the near—surface wind speed when calculating the surface heat fluxes in ocean with the data of experiment ATLANTEX-90. Issledovaniya Zemli iz kosmosa,5:11-14,Russian.

Grankov A G,Usov P P,1994. Intercommunication between monthly mean air—sea temperature differences and natural microwave and infrared radiation. Meteorologiya i Gidrologiya 6:79-89,Russian.

Grassl H,Jost V,Schulz J,et al,2000) The Hamburg ocean-atmosphere parameters and fluxes from satellite data (HOAPS):A climatological atlas of satellite-derived air-sea interaction parameters over the world oceans. Report No. 312. MPI,Hamburg.

Guidelines,1981. Calculation of turbulent fluxes of heat,moisture,and the momentum fluxes over the ocean. GGO,Leningrad in Russian.

Gulev S K,Kolinko A V,Lappo S S,1994. Synoptic interaction between the ocean and atmosphere in middle latitudes. Gidrometeoizdat,St. Petersburg in Russian.

Handbook,1977. Atlas of the oceans:Atlantic and Indian oceans. MO SSSR,Moscow in Russian.

Handbook,1979. Averaged month,10 and 5-day periods values of the air water and temperature,their difference and wind speed in selected regions of the North Atlantic (1953-1974 years). VNIIGMI-MZD,Obninsk In Russian.

Kubota M,Iwasaka N,Kizu S,et al,2002. Japanese ocean flux data sets with use of remote sensing observations (J-OFURO). J Oceanography 58:213-215.

Lappo S S,Gulev S K,Rozhdestvenskii A E,1990. Large-scale heat interaction in the ocean-atmosphere system and energy—active zones in the world ocean. Gidrometeoizdat,Leningrad in Russian.

Lebedeva E L,1991. Integral water vapor content of the atmosphere as the characteristic of air-sea interaction in the Newfound land energy active zone Trudy GGO,Leningrad 535:32-45 in Russian.

Liu W T,1986. Statistical relations between monthly mean precipitable water and surface-level humidity over global oceans. Mon Wea Rev 114:1591-1602.

Liu W T,1988. Moisture and latent flux variabilities in the tropical Pacific derived from satellite data. J Geophys Res 93:6749-6760.

Mintz Y,1979. Simulation of the oceanic general circulation GARP Publ. Ser. 2:607-687.

Paramonova N N,1985. Comparison of results of new laboratory measurements of emission absorption in water vapor in the window 8-12 mcm with data of natural experiments. Trudy GGO,Leningrad 496:79-84,Russian.

Shutko A M,1986. Microwave radiometry of water surface and soils. Nauka,Moscow in Russian.

Snopkov V G,1977. On correlation between the atmosphere water vapor and the near surface humidity seasonal variations of the water vapor content over the Atlantic. Meteorologiya i Gidrologiya 12:38-42,Russian.

Strokina L A,1989. Heat balance of the oceans surface (handbook) Gidrometeoizdat,Leningrad in Russian.

Xrgian A X,1978. Physics of the atmosphere. vol. 1,Gidrometeoizdat,Leningrad in Russian.

Zhevakin S A,Naumov A P,1964. Absorption of centimeter and millimeter radiowaves in water vapor of the atmosphere. Radiotekhnika i Elektronika 9:1327-1337,Russian.

Zhevakin S A,Naumov A P,1965. On determining the coefficient of absorption of centimeter radiowaves in atmospheric oxygen. Radiotekhnika i Elektronika 10:987-996,Russian.

第 4 章　垂直热量输送对海气界面 MCW 与红外辐射强度与表面热通量之间关系的影响:建模

4.1　海洋与大气边界层的热交互模型

研究大气和海洋边界层交界处对于热量扰动的热力学响应,采用以下模型:

$$\frac{\mathrm{d}T_1}{\mathrm{d}t} = (q_{ha} - q_{hs})/(\rho_a c_a h_1)$$

$$\frac{\mathrm{d}T_2}{\mathrm{d}t} = (q_{hs} - q_{hw} - L e_s + R)/(\rho_w c_w h_2) \qquad (4.1)$$

$$\frac{\mathrm{d}q}{\mathrm{d}t} = (e_a - e_s)/(\rho_a h_1) \qquad (4.2)$$

$$T_1 = T_{10}, T_2 = T_{20}, q = q_0 (t = 0)$$

其中 T_1 和 T_2 分别表示大气边界层(ABL)和海洋边界层(OBL)的温度;h_1 和 h_2 分别表示大气边界层和海洋边界层的厚度。q 为大气边界层比湿。ρ_a 和 ρ_w 分别为空气和水的密度;c_a 和 c_w 分别为空气和水的比容;q_{ha} 和 q_{hw} 为海气交界处的感热通量;e_s 为海面水汽通量,即为蒸发率或凝结;e_a 为大气边界层上边界的水汽通量,即为蒸发率或凝结;L 表示蒸发的比热,而 R 则表示加热海表面的大气短波辐射通量。

同时基于以下假设条件,对 SOA 的温度—湿度状态进行了参数化:①模拟系统具有横向均匀特征;②大气和海洋的边界层能够充分混合,因此 T_1、T_2 和 q 的值与 ABL 和 OBL 高度(或深度)无关;③边界层厚度 h_1 和 h_2 不随时间变化;④ABL 的热量收支仅与感热通量 q_{ha} 和 q_{hs} 有关;⑤OBL 的热量收支受感热通量 q_{hw} 和 q_{hs}、水面蒸发(凝结)产生的潜热 Le_s、太阳辐射通量 R 的控制,其中太阳辐射通量 R 完全被 OBL 吸收;⑥ABL 水汽收支是由海表面蒸发 e_s 以及与上层大气的水汽交换 e_a 所决定的,需要注意的是 ABL 中并不会发生水汽的相变转化;⑦海洋大气系统中 ABL 和 OBL 的温度场与电磁辐射强度无关。Grankov 和 Resnjanskii (1998)对这个问题也有类似表述,唯一的区别是在 ABL 水汽状态变化中,考虑了 OBL 热收支的各自分量。

为了构建大气和海洋边界层交界处对于热量扰动的热力学响应模型,需要将通量 q_{hs}、q_{ha}、q_{hw}、e_s 和 e_a 用需求解的变量、q 以及外部条件的形式来表达。假定辐射通量 R 是给定的热力扰动,此时问题的本质就转化为对着特定扰动响应的模拟问题。为了确定各个通量,可采用以下表达式:

$$
\begin{aligned}
q_{hs} &= c_1 \rho_a c_a V_a (T_1 - T_2) \\
e_s &= c_2 \rho_a V_a (q - q_s) \\
q_{ha} &= c_3 \rho_a c_a V_a (T_a - T_1) \\
e_a &= c_4 \rho_a V_a (q_a - q) \\
q_{hw} &= c_5 \rho_w c_w u_w (T_2 - T_w)
\end{aligned} \qquad (4.3)
$$

其中前两个公式是传统的体积公式,后三个公式是根据一级近似结果,假设大气和海洋边界外层边界处的 q_{ha}、q_{hw} 和 e_a 能够采用类似地通过 q_{hs} 和 e_s 的值,并选择合适的传输系数(c_3、c_4,和 c_5)来表征。在公式(4.3)中,T_a 表示紧贴 ABL 上层的大气温度,T_w 表示紧贴 OBL 下层的海水温度,q_w 为海水温度 T_2 时的饱和比湿,V_a 为近表层的平均风速,u_s 为平均洋流;$c_1,c_2,\cdots,c_5$ 表示无量纲传输系数。

假设饱和湿度 q_w 与温度 T_2 线性相关,则有：

$$q_w = q_r + a(T_2 - T_r) \tag{4.4}$$

其中 q_r 和 T_r 分别表示参考湿度和温度。考虑方程(4.3)和(4.4)后,(4.1)式可写为矢量形式,即：

$$\mathrm{d}\boldsymbol{y}/\mathrm{d}t = A\boldsymbol{y} + \boldsymbol{f} \tag{4.5}$$

其中 $\boldsymbol{y} = (T_1, T_2, q)$ 表示需求解的变量;而矢量 $\boldsymbol{f} = (f_1, f_2, f_3)$ 包括以下 3 项：

$$
\begin{aligned}
f_1 &= (c_3 u_a / h_1) T_a , \\
f_2 &= R + c_5 \rho_w c_s u_s T_s - c_2 \rho_a u_a L (q_r - a T_r) \\
f_3 &= (u_a / h_1)[c_4 q + c_2 (q_r - a T_r)]
\end{aligned}
\tag{4.6}
$$

系数矩阵 $A = a_{ik} \mid$, $i, k = 1, 2, 3$。与矢量 $\boldsymbol{f}$ 不同的是,a_{ik} 的表达式只包含模型参数 h_1、h_2、a、c_1、c_2 等,而与 R、T_a、T_w 和 q_a 等表征 ABL 或 OBL 外强迫作用的参数无关。

方程(4.5)的解可以写为：

$$
\begin{aligned}
T_1 &= C_1 e^{r_1 t} + C_2 e^{r_2 t} + C_3 e^{r_3 t} + T_1^* , \\
T_2 &= C_1 p_1 e^{r_1 t} + C_2 p_2 e^{r_2 t} + C_3 p_3 e^{r_3 t} + T_2^* , \\
q &= C_1 s_1 e^{r_1 t} + C_2 s_2 e^{r_2 t} + C_3 s_3 e^{r_3 t} + q^*
\end{aligned}
\tag{4.7}
$$

其中 r_i, $(i = 1, 2, 3)$ 为齐次特征方程(4.5)的根(表 4.1);T_1^*、T_2^* 和 q 是非齐次方程组(4.7)的部分解,可采用常数变分法求出关于 a_{ik}、f_i 和 r_i 的表达式。p_i,s_i 和 C_i 是利用(4.2)式中的初始条件(T_{10},T_{20} 和 q_o)得到的部分组合相关系数。

表 4.1　公式(4.7)中的系数矩阵 a_{ij}

$a_{11} - r$	a_{12}	a_{13}
$a_{21} - r$	$a_{22} - r$	a_{23}
$a_{31} - r$	a_{32}	$a_{33} - r$

针对模型参数典型值的数值计算结果表明,决定公式(4.5)的特征参数均为负数,而方程(4.5)的所有根均为相异的负实数。因此,公式(4.7)的解描述了海气边界层系统对外部因子的调整,并随时间演变逐渐区域稳定态(T_1^*,T_2^*,q^*)的过程。取模型各参数典型值为：$\rho_a = 1.25$ kg・m^{-3},$\rho_w = 10^3$ kg・m^{-3},$c_a = 10^3$ J・kg^{-1}・deg^{-1},$c_w = 4100$ J・kg^{-1}・deg^{-1},$h_1 = 1500$ m,$h_2 = 30$ m,$L = 2.4 \times 10^6$ J・kg^{-1}m,$R = 200$ W・m^{-2},$V_a = 10$ m・s^{-1},$u_w = 0.1$ ms^{-1},$c_i = 1.3 \times 10^{-3} (i = 1, 2, \cdots, 5)$,$T_r = 10℃$,$q_r = 7.5 \times 10^{-2}$ kg・kg^{-1} 和 $a = 5 \times 10^{-4}$ deg^{-1} 时,过程调整时间 $[\min(|r_i|)]^{-1}$ 为 18 h。

4.2　微波和红外的 SOA 参数化辐射模型

基于海洋—大气系统热辐射(吸收)的平面分层模型框架(图 2.1),可以分析各层电磁能量传递的过程,同时计算不同平台搭载设备的辐射强度,包括卫星、飞机和船用设备等。然而由于初始大气要素和热力特征是以不同高度层上参数化的形式分配的(图 4.1),无法给出垂直分布状态，因此第 2 章中的模式（2.1）～（2.5）不能在此模型直接使用。

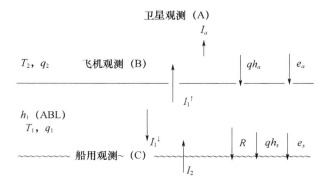

图 4.1　海洋—大气系统热量和电磁能量传输过程主要特征的参数化方案

4.2.1　卫星观测

在卫星观测中，海洋—大气自然 MCW 辐射 I_{sat} 是由自由大气辐射强度 I_a 和经过自由大气中衰减的 ABL 顶部向上辐射通量 $I_1^{\uparrow}$（乘以系数 G_a）组成，即

$$I_{\text{sat}} = I_a + G_a I_1^{\uparrow} \tag{4.8}$$

其中 $I_1^{\uparrow} = I_1 + (I_1^{\downarrow} R_{21} + I_2) G_1$ 表示 ABL 的顶部向上的辐射通量强度；$I_1^{\downarrow} = I_1 + I_a$ 表示 ABL 底部的向下辐射强度；I_1 和 I_2 分别表示 ABL 和 OBL 的自然辐射强度；G_1 表示 ABL 内的整体辐射衰减率；而 R_{21} 表示水面对向下辐射通量 $I_1^{\downarrow}$ 的反射系数。需要说明的是，一般情况下 ABL 与自由大气的电磁参数具有不同温度和湿度特性，但是上式假设两者是一致的，即 ABL 与自由大气的界面上不存在电磁反射，或者与 R_{21} 相比可以忽略不计。

4.2.2　飞机观测

从飞机上观测的海洋—大气辐射强度 I_{air}，即 ABL 顶层的辐射强度，则完全由分量 $I_1^{\uparrow}$ 决定，即：

$$I_{\text{air}} = I_1^{\uparrow} \tag{4.9}$$

4.2.3　船载观测

在船载观测中（即 ABL 的下界），船载辐射强度的计算如下：

$$I_{\text{ship}} = I_2 + R_{21} I_1^{\downarrow} , \tag{4.10}$$

上述公式（4.8）～（4.10）中边界（I_1）和自由大气（I_a）的自然辐射特性与该介质的温度（T_1 或 T_a）以及整体吸收率（G_1 和 G_a）相关，即：

$$I_1 = T_1(1 - G_1) ; I_a = T_a(1 - G_a) \tag{4.11}$$

此外，海洋表面热辐射强度与自然辐射亮温（或辐射温度）成正比，即 MCW 波段满足 $I_2 = æ T_2$，红外波段满足 $I_2 = \delta B(T_2)$。其中 T_2 表示 OBL 温度；$B(T_2)$ 为以 T_2 为参数的普朗克函数；$æ$ 表示海洋表面的微波发射率；δ 表示海洋表面的红外发射率。

4.3　热量和电磁通量动力学及其相互关系的数值分析

本节主要讨论海洋—大气系统受到强迫扰动偏离热量平衡后，ABL-OBL 交界处通量 q_h

和 q_e，以及与特定微波波段（5 mm～3 cm）亮温和红外波段（8～12 μm）辐射温度对应的辐射通量 I_{sat}，I_{air}，和 I_{ship} 进行数值求解。数值计算过程需要的给定输入量包括，热力学常量（空气密度、热容、蒸发比热、凝结比热、热湿交换系数等）的典型值，ABL 和 OBL 厚度，平均风以及海洋流速。具体计算步骤为：

（1）根据海洋—大气界面层变量 T_1、T_2 和 q_a，推导出与公式（4.1）和（式4.2）相关的系统解（式（4.7）），计算得到 ABL 和 OBL 外边界的热动力参数 T_w、T_1 和 q_a，以及海面的太阳热通量 R；

（2）根据定义值 T_1、T_2 和 q_a 确定海洋—大气界面的热通量 q_h 和 q_e；

（3）根据参数 T_1、T_2 和 q_a 的计算值和定义值，确定电磁通量 I_{sat}，I_{air}，和 I_{ship}。

（4）在不同 MCW 和 IR 波段上，对参数 q_h 和 q_e 演变与 I_{sat}，I_{air}，和 I_{ship} 量值变化之间进行相关性回归分析。

对 OBL-ABL 系统 5 mm～3 cm 波长范围的亮温进行分析可知，此波段内系统自然 MCW 辐射对温度和湿度特性的变化最为敏感。此外，采用辐射温度来表征 8～12 μm 大气窗区的自然红外辐射。并在考虑水汽含量（MCW 和 IR 波段）、分子氧（MCW 波段）和气溶胶组分（IR 波段）影响的基础上，根据理论关系（Zhevakin and Naumov，1964，1965）计算了大气吸收率。红外部分则采用半经验公式（Arefjev，1991）。

为了更加完整理解热动力过程与电磁通量之间的相互关系，根据热能从大气—海洋交界面向 ABL 和 OBL 外边界以及外部区域的不同出流特征，对热动力过程和电磁通量进行模拟。本节参照初始给定的 ABL 和 OBL 恒定条件（$T_{10}=T_{20}=10$ ℃，$q_0=6$ g·kg^{-1}），通过选择自由大气和下层准均匀海洋条件的参数来实现。下面给出 3 种不同出流特征参数设置：

（1）$T_w=T_a=5$℃；$q=4$ g·kg^{-1}（热能同时向 ABL 和 OBL 的外层边界传递）。

（2）$T_w=5$℃；$T_a=10$℃；$q=6$ g·kg^{-1}（热能仅向下部海洋层传递）。

（3）$T_w=10$ ℃；$T_a=5$ ℃；$q=4$ g·kg^{-1}（热能仅向自由大气传递）。

图 4.2 展示了 ABL 和 OBL 参数 T_1、T_2 和 q_a 的响应分析结果，这些参数决定了第一种出流特征情况以及上述大部分出流特征情况下，SOA 处的自然 MCW 和 IR 辐射。从图中可以看出，SOA 参数完成对太阳辐射通量 R 影响的适应性调整需要 1～2 d，ABL 温度的调整速度约为 ABL 参数 T_1 和 q_a 的两倍。

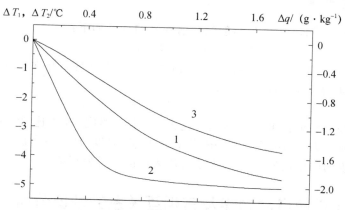

图 4.2　（1）ABL 温度 T_1（2）OBL 温度 T_2 和（3）ABL 湿度 q_a 在海洋—大气界面向 ABL 和 OBL
外边界热输出时对 SOA 热量扰动的响应。横轴以分数形式表示昼夜

根据调整过程相应的感热通量（q_h）和潜热通量（q_e）的变化分析表明，热通量和海气亮度（辐射）温度的响应也是在 1～2 d 内形成，与海洋大气特征对外部流入的适应时间一致。

通过回归分析得出上述 3 种出流特征情况，不同观测高度（卫星、飞机和船舶）微波和红外的感热通量变化（Δq_h）和潜热通量变化（Δq_e）与亮温变化（ΔT^b）或辐射温度变化（ΔT^r）之间的相关关系，特别研究了 Δq_h 和 Δq_e 在海洋—大气界面两个方向的热流出。此外，采用卫星观测不同光谱波段 ΔT 的线性对组合来构造近似，结果如图 4.3 所示。

这个问题的解决涉及以下几个方面：

（1）确定 SOA 对热扰动响应的初始阶段（图 4.3 中的阴影区域），Δq_h、Δq_e 与 ΔT 之间的回归系数。

（2）利用计算的回归系数对 Δq_h 和 Δq_e 进行近似。

（3）利用初始阶段推导得到的回归关系，对 Δq_h 和 Δq_e 进行外推（预测后续演变），对 ΔT 的演变过程导致的海洋—大气响应形成的最终状态进行分析。

从图 4.3 可以看出，光谱窗区内（10 μm 和 5.7 mm）内海洋—大气自然辐射强度的变化可以很好地再现整个辐射和热响应形成时间间隔（2 d）内的 Δq_h 和 Δq_e。

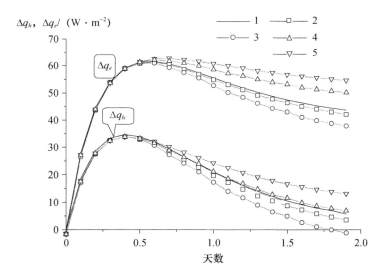

图 4.3　基于不同波段卫星资料对感热和潜热通量变化（Δq_h 和 Δq_e）进行近似和外推的结果。其中所用的资料谱段为：(1)10 μm 和 5.7 mm；(2)10 μm 和 1.35 cm；(3)1.35 cm 和 3.2 cm；(4)5.7 mm 和 3.2 cm；(5)资料来源与 Grankov and Resnyanskii(1998)相同

表 4.2 更完整地给出了不同情况下，从大气—海洋界面到外边界的热流出的回归分析结果。从这些数据可以看出，最低估计误差 $\delta(q_h)$ 和 $\delta(q_e)$ 的量级约为参数本身自然变化幅度的百分之几，且在大多数情况下对应于频谱间隔 10 μm 和 5.7 μm 以及 1.35 cm 和 3.2 cm。在用 MCW 和红外辐射特性近似热通量时，增加光谱间隔的数目作为自由度（从 2 个到 3 个甚至更多），并不会导致任何显著的误差减少。

海洋—大气界面热通量和 ABL 顶部（飞机观测高度）电磁通量的回归分析结果与表 4.2 给出的结果非常接近。同时在 ABL 的下边界（船舶测量高度），大气的影响相对是最小的，该处电磁热通量的回归结果与表 4.2 显示有所不同，主要表现为 q_h 和 q_e 量值较大，达到 5～6 W·m^{-2}，且很少受到光谱区间的选择的影响。

表 4.2　基于卫星观测的 SOA 响应周期（2 d）内不同光谱波段感热和潜热通量变化 δq_h 和 δq_e 近似误差

波长						模型 1		模型 2		模型 3	
10 μm	0.57 cm	0.8 cm	1.35 cm	1.6 cm	3.2 cm	δq_h (W·m^{-2})	δq_e (W·m^{-2})	δq_h (W·m^{-2})	δq_e (W·m^{-2})	δq_h (W·m^{-2})	δq_e (W·m^{-2})
+	+					0.14	0.13	0.10	0.13	0.05	0.24
+			+			0.40	0.37	0.40	0.31	0.06	0.26
	+					0.91	1.18	0.91	1.21	0.08	0.25
	+				+	0.64	0.86	0.67	0.90	0.08	0.22
			+		+	0.20	0.46	0.16	0.46	0.42	0.27
						0.64	0.23	0.97	0.32	0.42	0.27
+	+	+				0.11	0.09	～	～	～	～
	+	+				0.10	0.08	～	～	～	～
+	+	+	+	+	+	0.10	0.08	～	～	～	～

注：每行中参与分析的波长用符号"＋"标记。

4.4　结论

（1）海洋—大气界面层的热量和水分交换过程对 MCW 和红外辐射特性产生了重要的影响，这种影响不仅出现在界面层而且还会延伸向整个大气。通过对 ABL 顶部和自由大气顶部的 SOA 亮度温度的演变，与海洋—大气界面的热通量变化的比较研究可以看出，热量和电磁通量对系统热扰动的响应具有同期的特征，其周期响应的时间尺度通常为几天。

（2）ABL 顶部的亮度和辐射温度与 SOA 界面自由大气感热和潜热通量的自由大气的关联在一定的光谱间隔中体现得非常明显，即从海洋—大气界面到 ABL 和 OBL 的外边界的主要影响在氧分子（5 mm）和水汽（1.35 cm）的大气共振吸收区域体现得非常明显。因此，氧和水汽等大气因子可以作为 SOA 自然辐射与热交换强度之间的瞬态参数（"桥梁"），其作用在季节性和天气尺度上，以及更小的时间尺度（如每天）上都能够体现。

（3）由于在平面分层问题的框架下，在 ABL 顶部和自由大气的亮度（辐射）温度变化是由海气界面热量和水汽的垂直传输导致的，且幅度能够达到几 K，而利用 1.35 cm 波长卫星观测信息推导的 SOA 亮度温度变化的估计可以达到 10 K（参见第 5 章）。

参考文献

Arefjev V N,1991. Molecular absorption of emission in the window of relative transparency of the atmosphere 8—13 mcm(review). Fizika Atmosfery i Okeana 27:1187-1225,Russian.

Grankov A G,Resnjanskii Ju D,1998. Modeling the response of the ocean—atmosphere natural radiation system to the pertrubation of a thermal equilibrium at the interface. Russian Meteorology and Hydrology,Allerton Press 11:57-65.

Paramonova N N,1985. Comparison of results of new laboratory measurements of emission absorption in water vapor in the window 8—12 mcm with data of natural experiments. Trudy Glavnoi Geofizicheskoi Observatorii,Leningrad 496:79-84,Russian.

Zhevakin S A,Naumov A P,1964. Absorption of centimeter and millimeter radiowaves in water vapor of the atmosphere. Radiotekhnika i Elektronika 9:1327-1337,Russian.

Zhevakin S A,Naumov A P,1965. On determining the coefficient of absorption of centimeter radiowaves in atmospheric oxygen. Radiotekhnika i Elektronika 10:987-996,Russian.

第 5 章　大气边界层水平热量传输对 SOA 亮度温度与表面热通量关系的影响

5.1　大气边界层对水平热量传输的依赖

5.1.1　目标和方法

本节主要分析水平(对流)热量输送在大气边界层垂直结构发展中的作用,以及海洋—大气系统中不同波长的自然 MCW 辐射强度(亮温)对气旋影响下水平热量输送所激发的大气温度和湿度变化的响应。在本研究中,大气边界层(ABL)结构会出现特殊响应的原因在于,ABL 中水平对流热量通量的存在导致大气温度和湿度垂直廓线的扰动,而大气温度和湿度垂直廓线的变化导致了 ABL－OBL(海洋边界层)系统热平衡特征的变化,即垂直湍流热湿通量的变化;同时,大气温度和湿度垂直廓线的变化也决定了 SOA 亮温的变化。上述过程是分析大气气旋性扰动背景下,ABL 水平平流热通量、垂直湍流热通量、垂直湍流水汽通量与 SOA 亮度温度之间关系的基础。基于本节研究,可以探讨在不同类型的 ABL 分层和不同水平输送配置下,利用 SOA 亮度温度作为海洋—大气边界热量和水汽通量指标的可行性。

5.1.2　热量和水汽传输模型

ABL 中决定海洋—大气能量交换和辐射通量的 ABL 要素场结构,反映了主要在垂直发展过程影响下的大气上边界形态,可以采用一维模型框架来描述(Zilitinkevich,1970;Stull,1997)。然而在某些情况下,特别是在与强气旋相关的锋面边界附近或陆海边缘附近,气象要素场的水平梯度变得更明显,水平平流的影响可能变得更有意义。

本节引入 ABL 模型来描述其结构以及相关的垂直热通量。该模型基于垂直湍流通量参数化的传统近似框架下建立的,但它考虑了水平的热量和湿度平流:

$$f(v-v_g)+\frac{1}{\rho}\frac{\partial \tau_x}{\partial z}=0,\ -f(u-u_g)+\frac{1}{\rho}\frac{\partial \tau_y}{\partial z}=0 \tag{5.1}$$

$$\frac{1}{\rho c_p}\frac{\partial F_T}{\partial z}+u\cdot\nabla_x T+v\cdot\nabla_y T=0 \tag{5.2}$$

$$\frac{1}{\rho c_p}\frac{\partial F_q}{\partial z}+u\cdot\nabla_x q+v\cdot\nabla_y q=0 \tag{5.3}$$

同时边界条件为:

$$u=u_h=u_g,v=v_h=v_g,T=T_h,q=q_h\ (z=h\sim1500\text{ m}) \tag{5.4}$$

$$u=0,v=0\ (z=z_0) \tag{5.5}$$

$$T=T_0,q=q_0\ (z=z_{0H}) \tag{5.6}$$

上述模型中 $\tau_x = -\rho\overline{u'w'}$、$\tau_y = -\rho\overline{v'w'}$ 为切向应力作用下垂直动量输送通量的水平分量;$F_T = \rho c_p\overline{T'w'}$、$F_q = \rho\overline{q'w'}$ 分别表示湍流热量和水汽的垂直输送通量。$\boldsymbol{u} = (u,v)$,u 和 v 为一般运动速度的水平矢量在笛卡尔坐标 x 和 y 上的分量,w 表示沿坐标 z 的垂直速度;T 为大气温度,q 为湿度,ρ 为空气密度,c_p 表示定压比热容。$\nabla_x T$ 和 $\nabla_y T$ 分别表示 ABL 内沿 x 和 y 坐标方向的温度梯度;$\nabla_x q$ 和 $\nabla_y q$ 则表示 ABL 内沿 x 和 y 坐标方向的湿度梯度。$u_g = -\dfrac{1}{\rho f}\dfrac{\partial P}{\partial y}$ 和 $v_g = -\dfrac{1}{\rho f}\dfrac{\partial P}{\partial x}$ 表示地转风的水平分量,由于大气边界层理论中通常假设水平气压梯度力与 z 无关(Monin and Yaglom,1992),因此该风场在 ABL 中具有与高度无关的特征。f 表示科氏参数,P 表示大气压强,h 表示 ABL 高度,z_0 为动量通量的粗糙度参数,而 z_{0H} 则为热量和湿度通量对应的参数。公式中各物理量加上单引符号表示湍流扰动,上横线则是统计平均的标志。

在对方程(5.1)~(5.3)进行数值求解的基础上,可建立针对垂直湍流通量的一阶闭合模型,即:

$$\frac{\tau_x}{\rho} = -\overline{u'w'} = k_m\frac{\partial u}{\partial z},\ \frac{\tau_y}{\rho} = -\overline{v'w'} = k_m\frac{\partial v}{\partial z} \tag{5.7}$$

$$\frac{F_T}{\rho c_p} = \overline{T'w'} = -k_H\left(\frac{\partial T}{\partial z} + \frac{g}{c_p}\right) \tag{5.8}$$

$$\frac{F_q}{\rho} = \overline{q'w'} = -k_H\frac{\partial q}{\partial z} \tag{5.9}$$

其中湍流混合系数的非线性依赖关系可表示为:

$$k_m = l_m^2 f_m(R_i)\left|\frac{\partial \boldsymbol{u}}{\partial z}\right|,\quad k_H = l_m l_H f_H(R_i)\left|\frac{\partial \boldsymbol{u}}{\partial z}\right| \tag{5.10}$$

可见湍流混合系数取决于局部风速垂直变化 $\left|\dfrac{\partial \boldsymbol{u}}{\partial z}\right|$ 以及反映密度层结的局地 Richardson 数,即:

$$Ri = \frac{g\left[\dfrac{1}{T}\left(\dfrac{\partial T}{\partial z} + g/c_p\right) + 0.61\dfrac{\partial q}{\partial z}\right]}{\left|\dfrac{\partial \boldsymbol{u}}{\partial z}\right|^2}$$

上式中 g/c_p 表示绝热温度梯度,g 表示重力加速度;l_m 和 l_H 表示中性层结条件下利用 Blackadar 公式得到的混合长度(Blackadar,1962);f_m 和 f_H 是基于 R_i 稳定性函数的经验参数。

本文海气边界的湍流通量的计算是基于大气近表层 Monin-Obukhov 相似性理论建立的。为了描述大尺度系统的水平非均匀性(如超过小尺度湍流涡旋的非均匀结构),在 ABL 方程(5.2)~(5.3)中引入相关项,并假定气温的水平梯度($\nabla_x T$ 和 $\nabla_y T$)和湿度梯度($\nabla_x q$ 和 $\nabla_y q$)是已知的,或可以根据模型进行给定。基于上述模型,可以估算水平输送对 ABL 内气象要素结构以及海洋能量交换的影响。

5.1.3 水平输送评估的数值试验

为了定量评估水平输送的影响,本节根据 ABL 内的 3 种密度层结分布状态作为参考态背景条件,设计 3 组数值实验:近中性、不稳定和稳定层结。背景条件可以理解为具有水平均匀性特征，即不存在水平平流。密度层结的变化是通过大气边界层上部温度的变化来给定的，变化范围为 $T_h = 280 \sim 310$ K。此时海洋—大气界面温度设置为 $T_0 = 300$ K，ABL 上边界高度为 1400 m。

根据 Gulev 等（1994）分析结果，选择北大西洋的纽芬兰能源活跃区层结状态分布和变化作为季节性 ABL 层结状态的参考。具体表现在夏季主要为中性或稳定的层结，即海洋—大气温度下降幅度很小或略有下降；冬季则常为不稳定层结，海水温度高于空气温度。同时经向大气环流的平均气候重现率（climatic recurrence）为 40%，而纬向环流的平均气候重现率为 60%（Gulev et al，1994）。

为了更清楚地描述水平平流的影响，选择了较大的水平梯度值，其量级为 5×10^{-5} K·m^{-1}（即 5 K·(100 km)$^{-1}$）。这种水平梯度的锐化现象较一般情况大一个数量级，通常能在与强大气气旋有关的锋面附近或不同类型下垫面之间的边缘区（如陆海边界）附近观察到。

根据上述设定，取海表面温度 $T_0 = 300$ K，相对湿度 $q_h = 30\%$，大气边界层上部温度 T_h 分别为：290 K（中性层结）、280 K（不稳定层结）、310 K（稳定层结），对不同层结条件下进行模拟试验。所有实现结果均表明，ABL 上层边界处的地转风矢量为 $U_g = (u_g, v_g) = (10, 0)$ m·s^{-1}，饱和湿度 $q_0 = 2.12 \times 10^{-2}$ kg/kg，且 $\nabla_x q = \nabla_y q = 0$。

5.1.4　ABL 垂直大气结构

本节计算了不同密度分层背景条件和不同水平平流贡献下的大气温度和比湿垂直分布（图 5.1），并基于这些分布状态，给出了海气边界层感热通量（$F_{T0} = F_T \mid z = z_{0H}$）和潜热通量（$F_{L0} = L_e F_q \mid z = z_{0H}$）结果（见表 5.1）。其中 $L_e = 2.5 \times 10^6$ J·kg^{-1} 表示蒸发比热，F_q 为湿度通量。通过对这些特性的比较分析，可以解决一个主要问题，即估算 ABL 自然 MCW 辐射特性对水平热量传输引起的热态特性变化的敏感性。

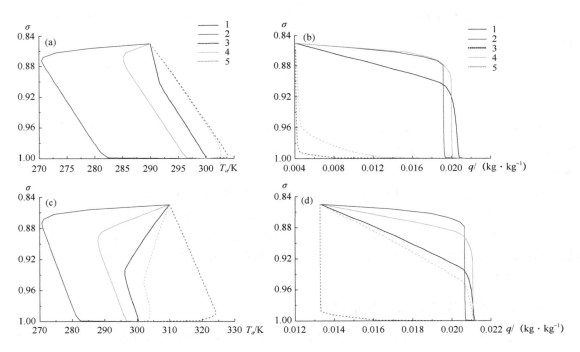

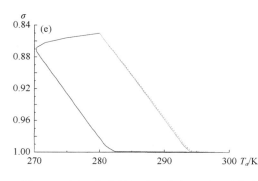 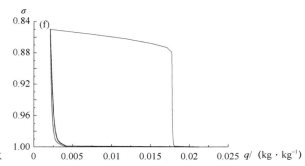

图 5.1　ABL 内中性(a,b)、稳定(c,d)、不稳定(e,f)背景层结和不同热量传输条件下大气温度(a,c,e)和
比湿(b,d,f)的垂直廓线。图例中的曲线数字与表 5.1 中相应编号的行中各参数集相对应(见彩图)

图 5.1 中,纵轴为无量纲 σ 坐标,表示任意高度 z 处的大气压力与海平面压力的关系。ABL 上边界位于 $\sigma = 0.85$,对应于大气压力 $p \approx 850$ mb 或几何高度 $z \approx 1400$ m。图例中的曲线编号与表 5.1 中对应编号的行中各参数集对应。第一组试验数据(无平流)的大气温湿垂直分布结果,以黑色曲线显示在后面的图中;表中编号为 2 和 3 的试验数据,表示矢量 U_g 与 ∇T 梯度方向一致情况,其结果用蓝色曲线表示;而表中编号为 4 和 5 的试验数据,表示矢量 U_g 与 ∇T 梯度方向垂直的情况,计算结果用绿色曲线表示。

表 5.1　中性、不稳定和稳定层结背景下,ABL 上界地转风矢量与水平温度梯度方向不同情况时
海洋—大气边界的热交换特征

序号			中性		不稳定		稳定	
			F_{T0} (W · m^{-2})	F_{L0} (W · m^{-2})	F_{T0} (W · m^{-2})	F_{L0} (W · m^{-2})	F_{T0} (W · m^{-2})	F_{L0} (W · m^{-2})
1	0	0	−1.4	15.7	136.8	998.3	−5.5	4.5
2	5×10^{-5}	0	610.6	173.3	616.4	288.6	600.5	52.7
3	-5×10^{-5}	0	−39.6	345.2	131.1	1021.8	−66.8	45.1
4	5×10^{-5}	0	61.3	53.9	136.9	997.0	54.8	10.1
5	0	-5×10^{-5}	−22.0	182.4	136.6	999.6	−26.2	3.8

表 5.1 中的试验参数(1)对应于无平流的背景条件;试验参数(2)表示地转风矢量与正温度梯度方向一致,对应于冷平流;试验参数(3)表示自由大气中的气团向降温方向输送,对应于暖平流。试验参数 4 和 5 表示地转风矢量与温度梯度垂直,对应于水平输送的中间状态,在这种情况下,也会出现平流输送。实际情况下,ABL 中风速矢量会随高度和水平梯度的变化而旋转,就像在自由大气中一样。下面,将详细分析中性、不稳定和稳定背景层结情况下 ABL 结构的计算结果。

(1)中性环境层结

从表 5.1 和图 5.1 可以看出,中性层结条件下平流的影响比较明显。正如预期的那样,在冷平流过程中,ABL 内的环境温度值减小,在暖平流过程中,环境温度值增大。在此过程中,垂直廓线的分布表明 ABL 上下边界的温度值保持不变,然而即使大气环境中的这些值保持不

变,海洋表面的热通量却发生了基本变化。与无平流时接近于零的感热通量不同,在冷平流时,感热通量 F_T 的值可达 $600\ \mathrm{W \cdot m^{-2}}$,接近 NEWFOUEX-88 和 ATLANTEX-90 实验中在中纬度气旋活动区域北大西洋纽芬兰 EAZO 观测到的热通量值(Gulev et al,1994),其至与热带飓风典型的热通量值接近(Golytsin,2008)。考虑暖平流时,多余的热量被输送到海洋中,对应的 F_T 可以达到 $-56.4\ \mathrm{W \cdot m^{-2}}$;潜热通量在平流输送方向上出现增强,虽然量值上较 F_T 弱。实际上潜热的热交换应充分依赖于水汽平流,本节试验中未对此进行考虑。

(2)不稳定环境层结

在不稳定情况下,不论通量符号是否相同的,水平平流所产生的扰动会使 F_T 和 F_L 发生单向变化,即在 ABL 不稳定层结条件下,海洋以感热通量和潜热通量的形式向大气损失热量。无平流条件下 ABL 内单调、相对均匀的降温被冷平流时的近表层急剧降温所取代,温度变化情况在 ABL 上部边界附近出现转折,随高度增加而升高(图 5.1)。

(3)稳定环境层结

在稳定分层情况下,水平平流在表面通量 F_T 和 F_L 中所产生的扰动与中性分层情况下所考虑的扰动总体上是相似的。主要区别在于潜热通量 F_L 在水平输运的各个方向均为负,然而 F_L 的绝对值仍然相对较小。ABL 内温度和湿度的垂直结构特点是在 ABL 上边界附近通常存在的逆温层和明显的风矢旋转。这些特性与已发表的关于稳定层结条件下 ABL 结构研究是一致的(Zilitinkevich,1970)。

5.2 SOA 亮温对 ABL 温湿度特性的响应

在卫星垂直探测的情况下,利用辐射模型(2.1)~(2.5)式(见第 2 章)在 0.6~1.6 cm 波长范围内计算 ABL 的亮温。这个范围部分包括了大气氧分子(其附近)的无线电波共振吸收(辐射)区域,且完全覆盖了水汽的无线电波的共振吸收区域。从这些区域获取的大气温度和湿度的信息,在利用卫星 MCW 辐射测量方法研究海洋和大气热相互作用方面发挥了重要作用(Grankov,2003,Grankov and Milshin,2010)。

本节主要分析了 0.6~1.6 cm 波长范围内,ABL 亮度温度对不同类型 ABL 层结,以及 ABL 上边界水平温度梯度与地转风矢量不同方向条件下的响应(参考表 5.1 中试验 1-5)。图 5.2 给出了中性、稳定和不稳定层结状态下不同波长亮温差 ΔT^b 的计算结果,其中背景场为 ABL 中无水平平流的情况(对应于表 5.1 中试验 1),冷平流和暖平流情况下的亮温差分别基于表 5.1 中试验 2 和试验 3 计算得到。

从图 5.2 可以看出,在大气水汽吸收无线电波的光谱区域相对集中在 1.35 cm 波长上,ABL 亮温对 ABL 热结构变化的敏感性最大。这一结果证实了特定区域的 MCW 范围对于研究海洋和大气之间的热、湿交换过程的重要性。在此之前,已有研究结果证明了在季节和气候尺度上使用被动 MCW 辐射方法研究海洋—大气热相互作用的有效性(Grankov,1992)。

图 5.3 更加具体地描述了 1.35cm 波长处的亮温差 ΔT^b 与纬向梯度值 $\Delta_x T$ 的关系,并给出了冷平流/不稳定层结(蓝色标记)和暖平流/中性层结(红色标记)两种情况下的结果。由图所示可知,当 $\Delta_x T = \pm 0.00002\ \mathrm{K \cdot m^{-2}}$ 时,ΔT^b 的值达到其最大值 $\pm 40\ \mathrm{K}$;而梯度的进一步增加导致亮度温度的变化可以忽略不计。尤其需要注意的是,ABL 亮温在 1.35 cm 波长处的变化可达 35~40 K,明显高于 ABL 内热湿垂直传递过程引起的 3~5 K 亮温变化值(Grankov and Resnyanskii,1998;Grankov et al,1999)。因此,SOA 的自然 MCW 辐射在波长 1.35 cm

处会形成"有效层",其厚度为 1.8 km,接近分析中使用的 ABL 厚度(1.4 km)。可以预估,当考虑到高层大气(1.4~10 km)的热量和 MCW 辐射特征通过水平热量传输对 SOA 总辐射的贡献,有效层对 ABL 的显著影响将更加显著。

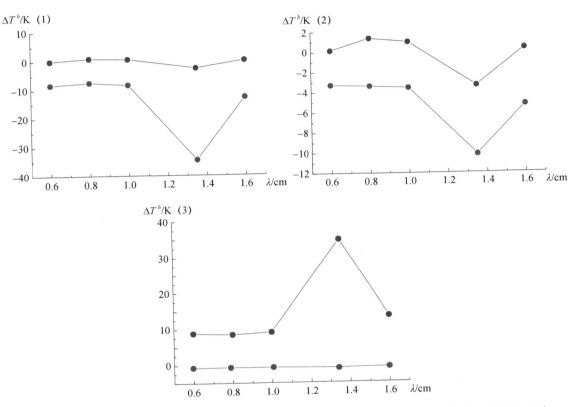

图 5.2 不同波长下背景场(ABL 中无平流)与冷平流(蓝色线条)和暖平流(红色线条)的亮温差 ΔT^b,其中(1)~(3)分别表示中性、不稳定和稳定的 ABL 层结条件(引自 Grankov et al,2014)(见彩图)

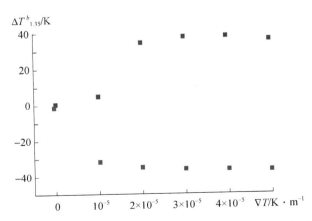

图 5.3 1.35 cm 波长处亮温差与 ABL 中空气温度水平(纬向)梯度对比(见彩图)

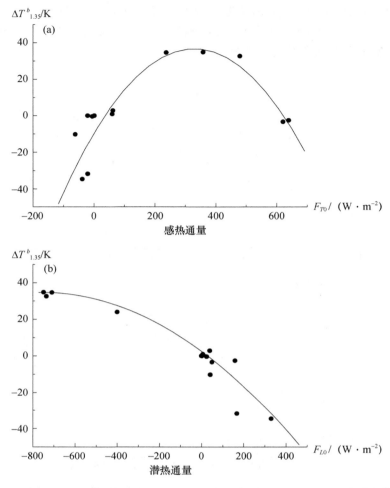

图 5.4　1.35 cm 波段 ABL 亮温变化与中性、稳定、不稳定 ABL 分层感热、潜热通量及
各类平流的相关性研究（引自 Grankov et al,2014）

此外还分析了 1.35 cm 波长处 ABL 亮温变化与中性、稳定和不稳定层结以及不同类型平流的感热和潜热垂直通量的关系（表 5.1 中的试验 1～3），分析结果表明（图 5.4），通过与试验 4 和 5 的对比可以看出,试验 2（冷平流）和试验 3（暖平流）的作用是显著的,而试验 4 和 5 属于中间状态,作用相对较弱。

从图 5.4 可以看出 ΔT^b, F_{T0}, F_{L0} 参数之间存在密切的相关关系。参数 ΔT^b 和 F_{T0} 之间的均方根偏差为 11.2 K,ΔT^b 和 F_{L0} 之间为 6.4 K,均仅为 F_{T0} 和 F_{L0} 变化幅度的几个百分点。这个结果与气象卫星 DMSP F-08 对 SOA 亮温的 MCW 辐射测量结果的比较数据、以及基于 NEWFOUEX-88 和 ATLANTEX-90 试验数据得到的大气热湿通量估计结论一致（Grankov,2003,Grankov and Milshin,2010）。

5.3　小结

本章揭示了不同类型的 ABL 分层和不同类型平流的 ABL 亮温变化与感热、潜热垂直通量的密切相关关系。通过分析水平热量输送对 ABL 大气要素场结构的影响及其与海洋的能量交换过程,可以看出 ABL 海气交换过程对其内部水平平流的高度依赖性。水平热输送产生的 SOA 亮度温度扰动的大小和符号取决于背景 ABL 层结分布以及输送矢量中温度和湿度梯度的相对方向。因此,在从遥感数据中提取地表热通量时,应适当考虑这种相关性。此外,在波长 1.35 cm 处,水平热量输送引起的 ABL 亮温变化可达 30~40 K,明显大于垂直热量输送所引起的温度变化。这一结果与卫星观测到的中纬度气旋活动区域的亮温对比是一致的,但无法用 ABL 垂直结构形成过程来解释。

参考文献

Blackadar A K,1962. The vertical distribution of wind and turbulent exchange in a neutral atmosphere. J Geophys Res 67:3095-3102.

Golytsin G S,2008. Polar lows and tropical hurricanes:Their energy and sizes and a quantitative criterion for their generation. Fizika Atmosfery Oceana 44:579-590,Russian.

Grankov A G,1992. Microwave-radiometric diagnostics of integral fluxes of sensible heat at the ocean-atmosphere boundary. Izvestija,Atmosph Oceanic Phys 28:883-889.

Grankov A G,Resnyanskii Yu D,1998. Modeling the response of the ocean-atmosphere natural radiation system to the perturbation of a thermal equilibrium at the interface. Russian Meteorology and Hydrology,Allerton Press 11:57-65.

Grankov A G,Milshin A A,Resnyanskii Ju D,1999. Intercommunication between heat exchange in the air-sea interface and upgoing microwave radiation in the range of synoptic time scales. Proc. Intern. Symp. on Remote Sensing(IGARSS):Coll. Papers Germany Hamburg 2324-2326.

Grankov A G,2003. Thermal analysis of atmosphere-ocean interaction by means of satellite microwave radiometry in the 0. 5-and 1. 35-cm resonance bands. Techn Physics 7:906-913.

Grankov A G,Milshin A A,2010. Analysis of the factors exiting the ocean-atmosphere heat interaction in the North Atlantic using satellite and vessel data. Intern J Rem Sensing 31:913-930.

Grankov A G,Resnyanskii Ju D,Milshin A A,et al,2014. Influence of the horizontal heat transfer within the atmosphere boundary layer on its vertical heat structure and natural up-going microwave radiation. Russian Meteorology and Hydrology,Allerton Press 2:33-44.

Gulev S K,Kolinko A V,Lappo S S,1994. Synoptic ocean-atmosphere interaction in mid-latitudes. S. -Petersburg,Gidrometeoizdat in Russian.

Monin A S,Yaglom A M,1992. Statistical hydromechanics. Theory of turbulence,v. 1. S. -Petersburg Hidrometeoizdat in Russian.

Stull R,1997. An introduction to boundary layer meteorology. Kluwer Academic Publishers,Boston.

Zilitinkevich S S,1970. Dynamics of the atmosphere boundary layer. Hidrometeoizdat,Leningrad,Russian.

第 6 章 天气时间尺度范围内 SOA 辐射与热特性关系的实验研究

6.1 水面自然 MCW 和 IR 辐射对其上层焓的响应的实验室研究

6.1.1 研究事项

研究自然 MCW 和 IR 辐射的特性与水表面温度特性之间的关系，例如垂直湍流通量和上层热量（焓），是利用飞机和卫星平台对世界大洋和海洋进行遥感的重要任务，同时这也是海洋学家和气候学家极为关注的（Bychkova et al，1988；Grankov and Milshin，1999）。

微波辐射的强度（表征为亮度温度 $T^b = \alpha T_s$）可以通过将发射系数 α 与有效辐射层 l_{eff} 厚度内的水面热力学温度 t_s 相乘来计算。

在 IR 范围内，情况如下：

(1)α 的值接近 1，水面状态的变化会稍微改变其发射率。因此，自然辐射对水面温度变化的灵敏度＝$\Delta T^b / \Delta t_s$ 接近 1，温度测定的精度与其状态弱相关（特别是来自海浪强度［粗糙度］）。

(2)大气和大气杂质（主要是气溶胶、云和水凝物）对底层表面辐射具有屏蔽效应。因此，红外方法和手段仅提供无云区域（约占世界海洋面积 25％～33％）的水面温度及其热特性的信息。

(3)有效层 l_{eff} 的值在毫米范围内。

在 MCW 范围，情况如下：

(1)与红外范围辐射相比，微波自然辐射相对于水面温度变化（$\Delta T^b / \Delta t_s \leqslant 0.5$）的灵敏度较低。

(2)实际上，包括云区在内的大气对于 3～5 cm 波长及以后的无线电波是透明的。

(3)有效辐射层 l_{eff} 的值在厘米范围内。

我们（在实验室）对水面的特性进行了实验研究，以室温开始，用液氮急剧冷却。进而进行波长为 2.25 cm 的天然 MCW 辐射强度和 10.5 μm 窗区的红外（IR）热辐射的变化，以及上部水面层中热含量（enthalpy）的值的特征研究。

这些值之间的差异是海洋—大气热相互作用的关键特征。它确定了上层水的焓和海洋—大气边界处垂直湍流的强度（Khundzhua and Andreev，1973）。

据此对从次边界层热容量的变化与 MCW 和 IR 辐射强度的变化进行了比较。这个热容量变化是由次边界层上下边界温度之差计算得到的。

6.1.2 实验及其结果描述

试验中使用汞温度计对水面温度以及深度 1 cm 处进行了直接测量。此外，还测量了波长为 2.25 cm(频率为 13.33 GHz)的水面亮度温度以及红外窗区 10.5 μm 处的辐射温度。用来进行辐射测量的 MCW 和红外辐射计由俄罗斯科学院无线电工程和电子研究所特别设计局设计。此外,为避免边缘衍射效应影响 MCW 辐射测量结果,用来盛水的碟子线性尺寸达到了电磁波长几十倍。

较低温度水平(～5℃)的测量是通过用液氮对上层水进行冷却实现的;温度的上限(14～15℃)与室内空气温度一致。由汞温度计测量的温度变化的精度约为 ±0.1 ℃;MCW 亮度温度和红外辐射温度的测量精度随水温变化而变化,其范围在 0.2～0.3 K。共计进行了 3 次测量。

在进行了若干次 MCW 辐射测量后,由于辐射计仪器故障,没有完成 MCW 辐射计的完整测量。直接辐射测量结果如图 6.1 所示,其中亮度和辐射温度的测量数据以相对单位显示。如图 6.1 所示,在实验中,近表层水的热松弛过程持续了大约 3 h。在此期间(从 8.5～11.5 h),参数 T_1 和 T_2 的差值恢复到其初始值(0.1～0.2 ℃);而在 9～10 时的时间范围内达到最大值(约 1 ℃)。在这里,水面辐射温度 T_{IR} 和亮度温度 T_{MCW} 随时间的演变(在实验的第一阶段)与参数 T_1 和 T_2 的演变非常一致。

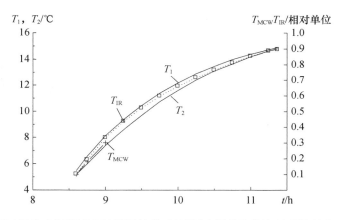

图 6.1　水表面温度(T_1)及次表层温度(T_2)测量结果,以及同步测量的微波亮度温度 T_{MCW} 和红外辐射温度 T_{IR}

图 6.2 给出了热演化过程中微波亮度温度(MCW)和红外辐射温度(分别以开尔文和相对单位为单位)之间的差值 DT 与 1cm 深度水层熵 Q 变化的关系图。参数 Q 的值由明确的表达式确定,考虑了 1 cm 深度层中的水质量、热容量以及层顶与层底的温度差。

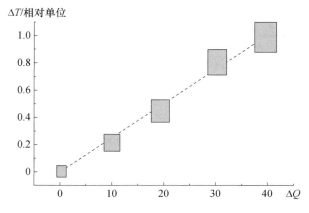

图 6.2　次表层热含量 Q 变化时亮度和辐射温度之差 ΔT

在时间间隔 9～11.5 h 期间，$T_{2.25}$ 的值是对实验初始阶段观测值进行外推获得的。图 6.2 中的数据离散是由 MCW 和 IR 测量误差，以及 MCW 辐射计数据外推误差所引起的。

图 6.2 表明参数 T_{MCW} 和 T_{IR} 的差异与水面次表层热含量之间有明确的边界。此边界的原因是，亮度温度 T_{MCW} 与辐射温度 T_{IR} 不同，不仅提供水面温度的信息，而且提供水面以下的温度信息。因此，这种差异描述了垂直温度梯度的值，而这个梯度又决定了次表层的热含量及其与空气的热交换强度。

因此可以确定的是，参数 T_{MCW} 和 T_{IR} 的差值与地下水层的热含量之间有显著的关系。亮度温度与辐射温度不同，不仅提供有关水面的信息，还提供有关次表层温度的信息。这就是为什么它们的差值所确定的垂直温度梯度，与上层的热含量和与空气的热交换相关。

6.2 利用卫星数据和船载测量对亮度温度、热量、湿度和动量通量之间的关系的实验研究

6.2.1 DMSP 卫星的 SSM/I 辐射计

特殊传感微波多通道辐射计/成像仪（SSM/I）是国防气象卫星计划（DMSP）框架内最先进的卫星无源 MW 辐射测量系统之一。它旨在长期监测地球，为美军提供全球气象、海洋学和太阳—地球物理信息（Kramer，1994）。1992 年 12 月，DMSP 数据被公开，提供给民间和科学研究使用。

DMSP 系列卫星的太阳同步轨道倾角接近极地 98.8°，高度约 850 km，周期为 102 min（每天绕地球 14.2 圈）。目前，该系列卫星的几颗（F-10、F-11、F-12、F-13、F-14 和 F-15）正在空间中积极运行，并已经运行了几年。

自 1991 年 12 月以来停止运行的 F-08 卫星的辐射计 SSM/I，对于本调查具有重要的意义，因为它是 1988 年和 1990 年 NEWOUEX-88 和 ATLANTEX-90 号试验期间唯一用于观测地球的卫星 MW 辐射计。该装置设计用于全球范围内云中大气液态水含量（参数 W）、降水强度 I、水汽总含量（参数 Q）、近表层风速（参数 V）以及不同的陆地和冰盖参数。此辐射计是一个扫描 7 通道 4 频系统，分别按照水平和垂直极化方式以 52°角进行扫描（表 6.1 中的参数）。它可以测量 1400 km 宽幅的 SOA 亮度温度，每天可提供部分区域覆盖，同时 3 d 可提供全球覆盖（Hollinger et al，1990）。

表 6.1 SSM/I 辐射计的主要参数

频率/GHz	19.35	22.235	37.0	85.5
波长/cm	1.55	1.35	0.81	0.35
极化/V/H*	V，H	V	V，H	V，H
使用的通道符号	19.35 V（高）	22.2 V	37 V（高）	85.5 V（高）
空间分辨率/km	43×69	40×60	29×37	13×15
灵敏度/K	0.7	0.7	0.4	0.8

* V 垂直极化；H 水平极化

表 6.2 描述了 NEWFOUEX-88 和 ATLANTEX-90 实验阶段的船载和星基被动 MCW 辐射观测，这些观测用来分析 SOA 亮度温度和界面热通量之间相关性。美国宇航局马歇尔中

心(MSFC,特别是其特殊中心 DAAC)的提供了一份 SSM/I 辐射计的长期卫星数据档案。为了将 SSM/I 观测转换为亮度温度,对其遥测数据(即 SSM/I 存档),按照绝对校准原理,使用先验已知的天线馈线—辐射计区域参数,将其每个通道的遥测数据转换为天线温度。然后,通过所谓的平滑方程参数化,将卫星辐射计直接测量的天线温度转换为 SOA 亮度温度。这两个阶段均使用 Wentz(1991)所开发的算法完成。

表 6.2　NEWFOUEX-88 和 ATLANTEX-90 实验期间使用的船载和卫星观测的 MCW 辐射测量说明

类型	来源	要素	数据量	目的
气象观测	R/Vs V. Bugaev、Musson 和 Volna	海洋表面温度,近表面风速	超过 2000 个观测值,间隔 1 h	确定热量、水分和动量;评估海洋表面麦克辐射特性
航空观测	R/Vs V. Bugaev、Musson 和 Volna	20 层,10~16000 m 内的空气温度、湿度、压力	超过 400 个观测值,间隔 6 h	确定大气总水蒸气含量;评估大气 MCW 辐射特性
卫星测量	SSM/I 辐射计 F-08 卫星(DMSP)	频率 19.3、37、22.2 和 85.5 GHz 两种极化类型的亮度温度	超过 120 次测量,间隔约 24 h	验证建模结果

6.2.2　SOA 亮度温度模拟变化及其与卫星测量比较结果

我们将 NEWFOUEX-88 和 ATLANTEX-90 实验阶段(Grankov and Milshin,1999),R/Vs. V. Bugaev、Musson 和 Volna 所在海域的垂直观测(面向最低点)模拟的 SOA 亮度温度,与来自 F-08 卫星 SSM/I 辐射计的同步微波辐射测量数据分别进行比较。为此,我们分析了来自 MSFC 档案的数据,并选择了一些与 1988 年 3 月 3—23 日和 1990 年 4 月 4—21 日在这些船只所在区域进行的调查相对应的片段。相应的调查时段分别为上午(格林威治时间 8:00—9:00)和晚上(格林威治时间 21:00—22:30),平均间隔约为 24 h。

NEWFOUEX-88 和 ATLANTEX-90 实验期间在 V. Bugaev、Musson 和 Volna 船的位置,SSM/I 辐射计各个通道亮度温度的最大变化(对比度)(图 6.3)与他们的模拟估计非常吻合(见第 2 章)。从图 6.3 可以看出,纽芬兰 EAZO 的 SOA 亮度变化范围在 30~80 K,远高于 SSM/I 辐射计确定的最小值(1~3 K)。因此,该装置可以作为分析天气尺度时间范围内 SOA 热相互作用过程的有效工具。

图 6.4 给出了波长 1.35 cm 处估算的 SOA 亮度温度与卫星测量结果比较图。估算的时间分辨率(一天 4 次)取决于大气测量的频率,卫星测量的时间分辨率(大约一天 1 次)取决于卫星任务的频率。

需要注意的是,参数 T^b 的理论估计值是针对近地视角辐射计计算得到的,而 SSM/I 辐射计提供的是 52°角测量的亮度温度。因此,在 R/Vs V. Bugaev、Musson 和 Volna 船的位置可以看到理论估计绝对值和实测亮度温度之间具有明显的差值(数 10 K);同时,它们的相对变化之间的相关性系数在 0.89~0.91 之间。对于这些气象研究站所在的区域,估算和测量的亮度温度之差 d(rms 差异)范围在 3~5 K 之间;也就是说,达到了参数 Tb_{135} 变化幅度的 5%~10%。使用波长为 0.81 cm 的垂直和水平极化的额外测量(这些数据可提供有关云中液态水含量的信息),d 减小到 2~3 K,相关系数增加至 0.9~0.94;在这种情况下,可以观察到估算和测量的亮度温度之间具有良好的相似性。

从形式上来说,这一结果源于这样一个事实,即亮度温度的估算是由具有 3 个自由度的模

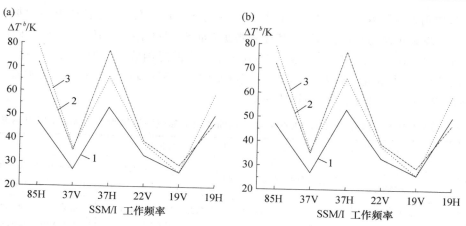

图 6.3　在由 SSM/I 辐射计测量的 NEWFOUEX-88 和 ATLANTEX-90 实验的固定阶段中，亮度温度对比。水平轴代表 SSM/I 工作频率（以 GHz 表示；极化类型：H＝水平；V＝垂直；1＝V. Bugaev，2＝Musson，3＝Volna

型而不是一个自由度的模型实现的。一种可能的物理解释为，相对于通道 37V、37H，SSM/I 辐射计 22V 通道的信噪比得到了提高。

　　1.6 cm 模拟的亮度温度与用 SSM/I 辐射计测量的 1.55 cm 亮度温度之间关系的特点是相关系数和不匹配（差异）的大约相同值。因此，在 NWQEX-88 和 ALANTEX-90 实验期间，SOA 自然 MCW 辐射的亮度温度的理论和实验估计之间有着很好的一致。

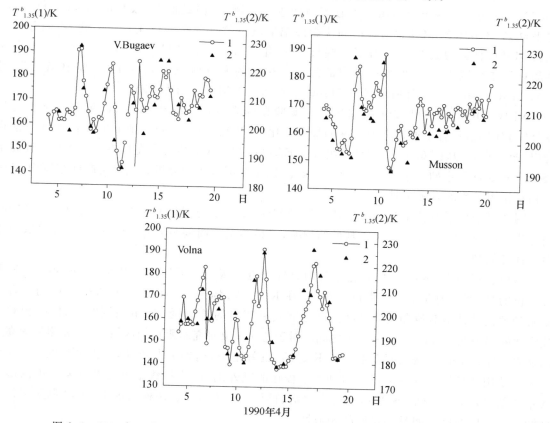

图 6.4　1990 年 4 月 4—21 日期间估算的海洋与大气亮度温度（时间间距 6 h）(1) 和卫星观测的 1.35 cm 波长亮温（时间间距 24 h）(2)

6.2.3　SSM/I 衍生亮度温度与热和动量近表面通量之间的关系

在中纬度气旋通过期间,自然 MCW 辐射对 SOA 热通量的响应尤为显著。我们分析了在 ALANTEX-90 和 NEWFOUEX-88 实验期间,SSM/I 各通道测量的衍生 SOA 亮度温度与观测得到的近表面热量和动量通量的关系。在少云情况下,22 V 通道的亮度温度与 19 V 和 19 H 通道的亮度温度分别可对热通量和动量通量进行较好的定量描述。但是,当云的影响不可忽略时,就需要额外考虑 37 V 和 37 H 通道的测量结果。

图 6.5 和 6.6 显示了在 ALANTEX-90 实验阶段船载设备记录的热通量和动量通量,以及利用 SSM/I 波长 1.35 cm(通道 22 V)和 0.81 cm(37 V 和 37 H)几个通道测量的亮度温度值的线性组合所估计的热通量和动量通量。其中线性组合的原则确保与 q_{he} 和 q_v 的原始值的偏差之均方根最小。虽然 R/Vs V. Bugaev、Musson 和 Volna 3 地的海洋特性不尽相同,但卫星估计值与船载测量结果在 3 地均显示出良好的一致性。

对于热通量相关系数,R/Vs V. Bugaev、R/V Musson 和 R/V Volna 3 地分别为 0.85、0.73 和 0.84,而对于动量通量相关系数,3 地分别为 0.87、0.81 和 0.84。对于热通量,原始观测通量和卫星估计通量之间的最大相对误差在 12%(R/V Volna)～19%(R/V Musson)之间浮动;而对于动量通量,最大相对误差在 13%(R/V Musson)和 18%(R/Vs V. Bugaev)之间浮动。

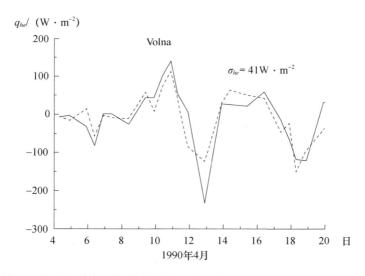

图 6.5　总热通量 q_{he} 对比图,其中两条曲线分别为:ATLANTEX-90 实验中船载设备测量值(实线),利用 SSM/I 通道 22 V(1.35 cm)、37 V 和 37 H(0.81 cm)所得估计值(虚线)

图 6.7 给出了在 NEWFOUEX-88 实验阶段,对 V. Bugaev 和 Musson 两处,利用 F-08 卫星观测估计结果和船载设备同步测量结果。图中可看出,V. Bugaev 处热通量观测及估计值相关系数为 0.85,而 R/V Musson 处达到 0.91。

美国国家大气研究中心(NCAR)计算司(由德国 Joerg Schulz 提供)的结果表明,位于挪威—格林兰 EAZO(北纬 66°、东经 2°)高纬度点的热通量观测,与利用 1988 年 4 月 F-08 卫星 SSM/I 辐射计的通道 22 V、37 V、37 H 和 19 V 观测结果所估计的热量也密切相关(图 6.8)。

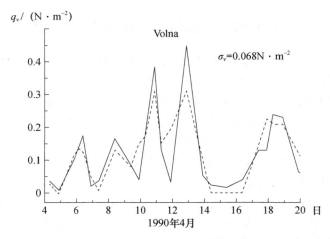

图 6.6　动量通量 q_v 对比图，其中两条曲线分别为：ATLANTEX-90 实验中船载设备测量值（实线），利用 SSM/I 通道 19 V 和 19 H（1.55 cm）、37 V 和 37 H（0.81 cm）所得估计值（虚线）

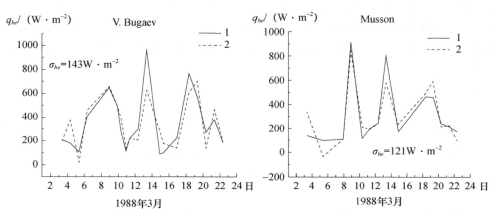

图 6.7　根据船载测量（1）及其估计值（2）的比较，这些估计值来自 SSM/I 通道 22 V（1.35 cm）、1.55 V 和 1.55 H（19 GHz）在 NEWFOUEX-88 实验中（Grankov and Milslin，1999 年）

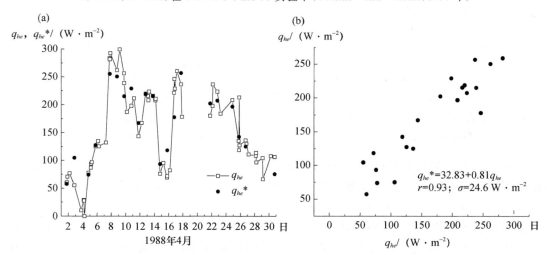

图 6.8　总热通量 q_{he} 的船舶测量与卫星观测估计值比较结果，其中（a）为 1988 年 4 月随时间变化图，（b）为两者对比图；其中 r 为相关系数，σ 为两者之间偏差的均方根值

6.2.4　卫星和船舶测量热通量和动量通量估计之间关系的可靠性

基于 F-08 SSM/I 辐射计的通道 22 V、37 V、37 H 和 19 V 的数据，通过比较 q_{he} 和 q_{he}^* 的参数，可以明显看出总热通量和卫星 MCW 辐射测量值之间的关系。在纽芬兰 EAZO 的附近地区，时间变化为 2 a(即 NEWFOUEX-88 和 ATLANTEX-90 实验阶段)(图 6.9)。

经分析认为，以下原因加剧了实验中对边界热通量和动量通量的直接测量值和卫星估计值之间的不匹配，并造成了 SOA 自然 MCW 辐射特征与参数 q_{he} 和 q_v 之间关系的不稳定性。

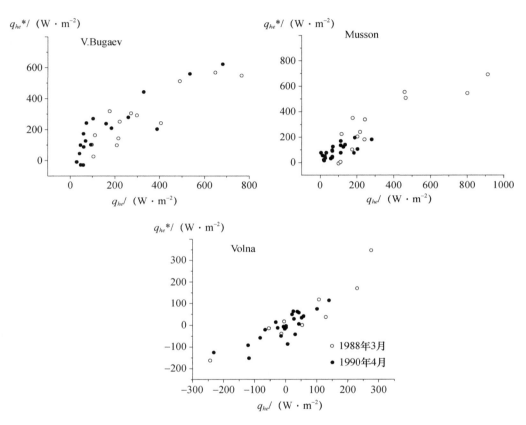

图 6.9　NEWOUEX-88 和 ATLANTEX-90 实验期间，R/Vs V. Bugaev、Musson 和 Volna 三个位置总热通量 q_{he} 的直接测量值与卫星估计值比较

(1)R/Vs V. Bugaev、Musson 和 Volna 所在区域的特点是热量和动量通量具有显著的水平梯度。例如，从数据判断(Guleev et al,1994)，在 R/V V. Bugaev 附近，总热量的水平梯度高达 2~4 W·m^{-2}·km^{-1}，该区域最接近亚极地海洋锋。因此，参数 q 的模糊性可以达到 30×200 W·m^{-2}，因为辐射计接收天线的视野覆盖了大小可达 15 km×50 km 的区域(图 6.10)。

(2)相对于卫星测量，船舶的测量时间会发生变化(30min)，这可以在比较结果中引入额外的误差。根据估计，参数 q_{he} 的相关误差可能达到 20 W·m^{-2}，参数 q_v 的相关误差可达到 0.03 W·m^{-2}(参见图 6.11)。

(3)通常，在纽芬兰 EAZO 中，中纬度气旋会导致 SOA 亮度温度对热通量变化的响应时间延迟(6~12 h)。因此，在比较参数 q_{he} 的直接估计值和卫星估计值时，考虑到了这一因素。

此外,海洋学家和气象学家基于体积公式并利用 t_s、V 和 t_a 的直接测量来计算所得的热量和动量通量的相对误差为 $10\%\sim30\%$。

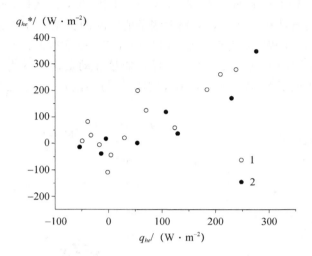

图 6.10　NEWFOUEX-88 实验期间 Volna 海域总热通量 q_{he} 的船基直接测量值与卫星遥感估计值比较图。
其中(1)和(2)代表分辨率分别为 $0.5°\times0.5°$ 和 $1°\times1°$

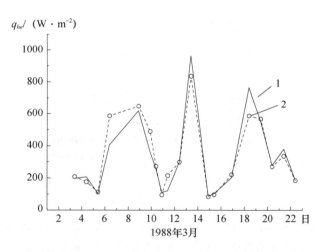

图 6.11　NEWFOUEX-88 实验期间 Bugaev 海域总热通量 q_{he} 的船基直接测量值与卫星遥感估计值比较图。
其中(1)和(2)代表分辨率分别为 $0.5°\times0.5°$ 和 $1°\times1°$

6.3　锋区亮度温度与 SOA 参数之间关系的实验研究

6.3.1　亚极海洋锋 SOA 参数和亮度温度的同步变化

北大西洋亚极地海洋锋(SHF)作为寒冷的拉布拉多流和温暖的墨西哥湾流的交汇处,研究该锋区的动力学和能量,对研究北大西洋气候至关重要。这一锋区是中纬度气旋生成(再生)的独特源地。根据 NEWFOUEX-88 资料,1988 年 3—4 月在 SHF 地区生成了 7 个,平均寿命为 3~5 d。大西洋这一地区受到密集的气旋影响,大约 50% 的时间伴随着大气温度和湿度的大幅变化,以及强烈的海面能量交换(Gulev et al,1994)。

利用 NEWOUEX-88 和 ALANTEX-90 实验期间,R/V.Bugaev、Musson 和 Volna 3 处观测数据,以及 SSM/I 辐射计(F-08 卫星)同步测量数据,分析了 SHF 区域的 SOA 中海洋学和气象学参数的天气变异性,以及对应的自然 MCW 辐射特性(图 6.12)。

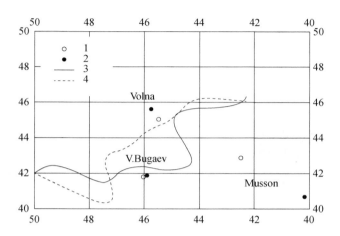

图 6.12 1998 年 3 月(3)和 1990 年 4 月(4),在 NEWFOUEX-88(1)和 ALANTEX-90(2)试验的静止阶段,
V.Bugaev、Musson 和 Volna 号(Gulev et al.)1994)沿轴的数字是纬度和经度

此外介绍在 NEWFOUEX 实验的固定阶段(1988 年 3 月 3—23 日),使用无源 MCW 辐射测量方法对 SHF 的一些研究结果。在此期间,海洋区域近地表气温 t_a、湿度 e、风速 V、感热通量 q_h、潜热通量 q_e 和动量通量 q_v 具有显著的强变异性。对于这一点表 6.3 中的数据给予了支持。SHF 区域的 SOA 参数的这种强烈变异性,在 R/V.Bugaev、Musson 和 Volna 所在的位置,从 F-08 卫星上 SSM/I 辐射计同步观测到的亮度温度得到了同样的结论(表 6.4)。

表 6.3 SOA 参数的极值

SSM/I channel	85 H	37 V	37 H	22 V	19 V	19 H
V.Bugaev	46.6	26.8	56.3	33.6	25.1	45.7
Musson	72	33.6	78.8	40.4	29.5	62.8
Volna	78.2	33.6	67.5	37.9	24.3	45.8

表 6.4 亮度温度对比度(以 K 表示)

参数	单位	V.Bugaev		Musson		Volna	
		最小值	最大值	最小值	最大值	最小值	最大值
t_a	℃	6.4	17.6	2.8	17.8	−2.2	13.3
e	mb	5.8	18.1	4.4	18.2	2.9	14.6
V	m·s^{-1}	0.6	25.2	0.8	26.6	0.6	27.7
q_h	W·m^{-2}	−35	455	−19	601	−270	480
q_e	W·m^{-2}	3	1208	42	1232	255	574
q_v	W·m^{-2}	0.1	1.3	0.1	1.6	0.05	1.9

6.3.2 SHF 区域观测到的大气动力学特征

利用不同 SSM/I 通道接收的卫星图像可以了解 SHF 特性,例如在天气时间尺度上锋面区域的大小和位置。例如,图 6.13 显示了在 1988 年 3 月 6 日强气旋期间,用 SSM/I 辐射计通道 19 V、19 H 和 37 V 测量的亮度温度空间分布(扫描片段)的黑白半色调图示(随亮度温度升高颜色由暗到浅)。根据定量分析,亮度温度的空间差异在垂直极化时为 45~50 K,水平极化为 65~80 K,具体取决于频率。这些差异可局部定位在 500~700 km 宽的延伸和狭窄海域内,与 SHF 位置相对应。

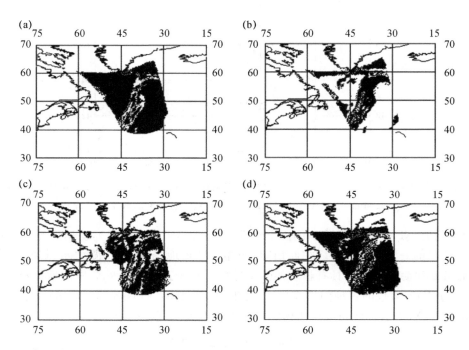

图 6.13　当地时间 3 月 6 日 08:00,SHF 区域 SOA 亮度温度的空间分布,1988 年基于不同 SSM/I
通道的数据:a:亮度温度变化范围为 175~220 K;b:37 V,范围为 200~250 K;
c:19 H,范围为 125~190 K;d:37 H(150~230 K)。沿轴的数字是纬度和经度

大气参数的同步变化,如近地表风速 V、总水蒸气含量 Q 和液态水含量 W(在没有降水的情况下),对 SSM/I 频率(波长)范围内的亮度温度变化有显著影响。图 6.14 给出了利用 SHF 区域 F-08 卫星的 SSM/I 观测数据表征上述参数空间变化的示例(参数 V、Q 和 W 的增长由较暗到较浅的舌状过渡表示)。在这种情况下,通过长期序列观测资料,可建立 SOA 亮度温度与世界海洋不同物理和地理区域的 V、Q 和 W 直接测量数据之间的回归分析关系。

根据分析,卫星对 V、Q 和 W 的估计值分别在 $8 \sim 32 \ \text{m} \cdot \text{s}^{-1}$、$0.6 \sim 2.6 \ \text{g} \cdot \text{cm}^{-2}$、$0 \sim 1 \ \text{kg} \cdot \text{m}^{-2}$。值得注意的是,从 SSM/I 数据中获得的 V 和 Q 的空间分布形态(与 W 分布不同)符合海洋和大气中普遍接受的锋面区域概念,即两个相邻连续区域的参数存在很大的差异,并且被尖锐的边界隔开。

F-08 卫星的 MCW 测量结果对大气层水平环流的强度,以及在日分辨率上对气旋的发展动态有明显的表现。例如,SSM/I 辐射计通道 22 V 中的 SOA 亮度温度,主要描述大气的总水汽含量,清楚地响应了 1988 年 3 月 6~7 日上午 SHF 区域的飓风发展状况(图 6.15)。比较

图 6.15a 和图 6.15b 表明,当时大气锋面正以大约 30 km·h^{-1}的速度向亚速尔群岛移动。

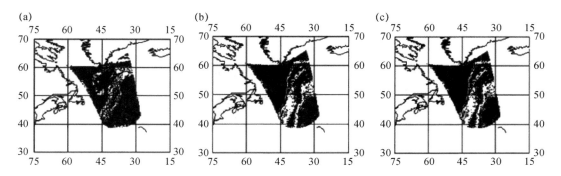

图 6.14　卫星 MCW 于 1988 年 3 月 6 日当地时间 08:00 时,a 近表面风速 V,b 大气 Q 的总水蒸气含量,c SHF 区域云层 W 的液态水含量。V、Q、W 的范围为 8×32 m·s^{-1},0.6×2.6 g·cm^{-2},和 0×1 kg·m^{-2}。坐标数字是纬度和经度

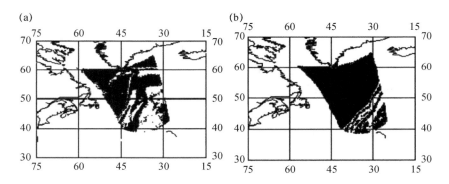

图 6.15　SHF 区域 SSM/I 通道 22 V 的亮度温度空间分布,其变化范围为 190～240 K;a 为 1988 年 3 月 6 日当地时间 8:00,b 为 1988 年 3 月 7 日当地时间 08:00。坐标数字是纬度和经度

通过与 NEWOUEX-88 实验期间,在 R/V V. Bugaev 和 Volna 的直接测量数据比较,探索利用 F-08 卫星的 SSM/I 辐射数据分析 SHF 区域海气界面热量(感热和潜热)和动量的垂直湍流通量时空变化的可行性。该技术使用了两艘船实现与卫星对 SHF 进行同步观测。任务的预定目标是在 RAZREZY 计划下利用船舶调查海洋区的能量活动。用来计算 SOA 界面上不同辐射通道的亮度温度与垂向湍流热通量和动量通量之间回归系数的观测数据,来自 3 月 3—23 日的气象研究测量船观测资料。然后以局部回归模型为基础利用卫星资料获取 SHF 区域热通量和动量通量变化。图 6.16 给出了 3 月 6 日早晨和晚上卫星过境 R/V V. Bugaev 和 Volna 区域时所获取的变化结果。该图展示了暖 SHF 区 q_{he} 和 q_v 变化(与大气气旋活动的影响有关)的影响,该区域由墨西哥湾流南部外围形成。

6.3.3　SHF 中亮度温度和风向的关系

　　SHF 的一个显著特征是 SOA 热交换特性在该区域和邻近地区不仅取决于强度,而且取决于空气质量传输相对于锋面的方向(Grankov and Milshin,2002)。表 6.5 显示了 SOA 界面的热通量数据,用于从北向顺时针计算水平空气质量传输的不同方向(Gulev et al,1994)。

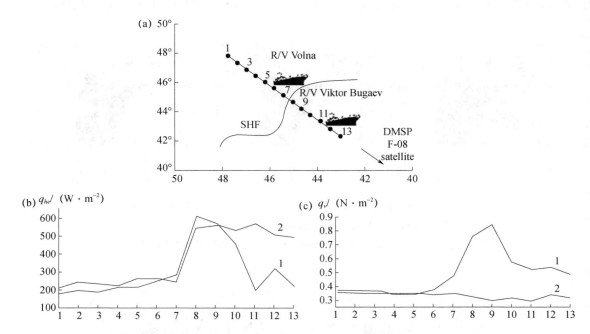

图 6.16　1988 年 3 月 6 日 F-08 卫星由 R/Vs Volna 运行至 V. Bugaev 时穿越 SHF 示意图(a)；热通量 q_{he} (b)；动量通量 q_v (c)；图中 1 为该日 08：00，2 为 22：00。点表示卫星取样，N 表示卫星取样点数。

表 6.5　在 NEWFOUEX-88 实验期间，不同风向时感热通量 q_h 和潜热通量 q_e 的平均值(以 W · m^{-2} 表示)

$\varphi(°)$	V. Bugaev		Musson		Volna	
	q_h	q_e	q_h	q_e	q_h	q_e
30～90	30	104.4	42.3	90.9	10.8	4.5
90～210	39.3	213.2	69.4	256.9	−35.6	−16.5
210～270	83.3	301.1	100.2	313.5	65.3	109
270～30	131.7	319.4	141.4	271.7	92.7	111.3

　　表 6.5 显示，q_h 和 q_e 在西北风的所有观测点都是最大值。在东南风的 SHF(R/V Volna)的北面，当空气吸收热和水分在温暖的海洋区域(R/V. Bugaev 和 Musson)向冷表面转移时，近地表大气层出现了相变的有利条件。由于水分凝结，前部北面的空气被加热，热通量从大气流向海洋。因此，大气天气过程在这种情况下起着热和水分从海洋的暖部分向寒冷部分传递机制之一的作用。

　　本文还估计了近地表风速及其方向对气象参数、总热量(感热和潜热通量)，以及 ATLAN-TEX-90 实验实施阶段在 R/V Volna 位置附近冷海水域的 SOA 亮温，此处距离 SHF 约 20 km。这些参数之间关系的回归分析结果表明，近地表空气温度和湿度的变异性由风速和风向的综合效应决定，其特征是将风向量 V_n 投影到通过 R/V Volna 到描述 SHF 位置的曲线的法线上。考虑到 1990 年 4 月 SHF 位置的近似数据(Gulev et al,1994)，对 290°～340°角 φ 范围内近表面 t_a 和 V_n、e 和 V_n 参数之间的关系进行了线性回归分析。这些关系中 $\varphi=330°$。图 6.17 说明了 1990 年 4 月 4— 21 日期间测量近表面空气温度和湿度的每小时样本与 V_n 之间的关系。

图 6.18 将 SSM/I 22 V 通道测量的总热通量 q 和亮度温度 T^b 的变化与参数 V_n 在 $\varphi=$ 330° 时的变化进行比较。q_{he} 和 $V_n (r=0.79)$ 的变化之间发现了显著的相关性。随着 V_n 的增加，海洋和大气的热特性之间的差异越来越大，因此，总热量也在增加。SSM/I 22 V 通道测量的 SOA 自然 MCW 辐射的亮度温度与系统界面的热量和水分交换强度密切相关。其值随大气温度和湿度的增加而增加。4 月 9—11 日的最低亮度温度和最高热通量是由来自西北的冷空气转移引起的，导致从海洋到大气总热通量为正。相反，4 月 13 日，从温暖的墨西哥湾流吹来的东南风导致 R/V Volna 地区的大气层被加热。这种加热产生从大气到海洋的热通量，同时导致 SOA 亮度温度升高。

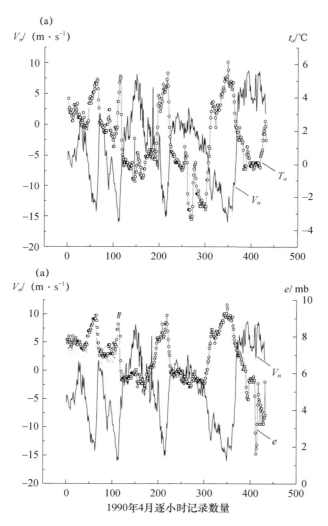

图 6.17　ATLANTEX-90 实验期间（1990 年 4 月 4～21 日）Volna 船各要素逐小时分析比较图，
其中（a）为 V_n 与 t_a，两者相关系数为 $r=-0.7$；（b）为 V_n 与 e，两者相关系数为 $r=-0.81$。

此处还发现在整个 ATLANTEX-90 实验期间，总热通量的日均值与利用 F-08 卫星测量的大约每 24 h 一次的亮温日均值之间存在密切联系（图 6.19），对 q_{he}、T^b 和 V_n 的变异之间的关系进行了回归分析。后者的值是根据以下假设确定的：R/V Volna 的 SHF 边界的法线角度在 1990 年 4 月 4—21 日（$\varphi=330°$）期间保持不变。在这种情况下，V_n 的变化仅由风速和风向的变化引起。q_{he} 和 V_n、T^b 和 V_n 之间的相关系数值分别是 0.85 和 -0.73。

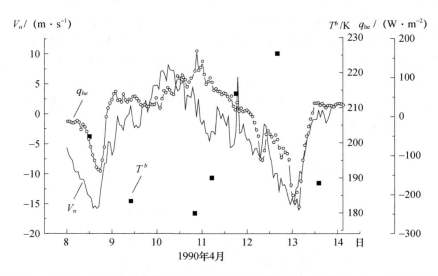

图 6.18　4 月 8—13 日在纽芬兰 EAZO 附近台风经过 Volna 船时，1.35 cm 波长处 SOA
亮温 T^b 和总热通量 q_{he} 随 V_n 变化响应图

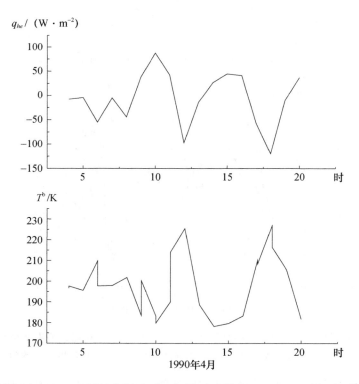

图 6.19　ATLANTEX-90 试验期间 Volna 船测 q_{he} 参数和 SSM/I 观测亮温 T^b 日变化图

　　由上可知，SHF 的船舶和卫星联合分析数据表明，SOA 在冷锋水域的亮温与来自温暖海
洋区域气团运动的强度和方向之间存在密切联系，这种运动影响了寒冷地区的热特性。这一

结果表明,使用卫星 MCW 辐射测量来估计热量和水分跨越锋区的运输对纽芬兰和其他可能的能量活跃区海洋—大气热相互作用强度的影响是可行的。

6.4　小结

在天气时间尺度的范围内,海洋—大气系统自然 MCW 辐射与系统内热交换过程的关系最为突出。这种情况下可观测到以下规律:

(1)在北大西洋中纬和北纬地区,观察到海洋大气系统自然 MCW 辐射的亮温与处理后的表层热通量的理论和实验估计值(卫星)之间存在良好的一致性。

(2)观察近地表风速及其风向对气象参数、总热通量(感热和潜热)以及海洋—大气系统亮温的天气尺度的变化有直接影响的关系。

参考文献

Bychkova I A,Victorov S V,Vinogradov V V,1988。Remote sensing of sea temperature. Gidrometeoizdat,Leningrad in Russian.

Grankov A G,Milshin A A,1999. Interrelation between the microwave radiation of the ocean—atmosphere system and the boundary heat and momentum fluxes. Izvestiya,Atmospheric and Oceanic Physics 35:570-577.

Grankov A G,Mishin A A,2002. Influence of the near—surface wind speed and direction on the heat and radiative characteristics of the ocean—atmosphere system in areas of the subpolar hydrological front. Russian Meteorology and Hydrology. Allerton Press 7:41-46.

Gulev S K,Kolinko A V,Lappo S S,1994. Synoptic interaction between the ocean and atmosphere in middle latitudes. Gidrometeoizdat,St. Petersburg in Russian.

Hollinger P H,Peirce J L,Poe G A,1990. SSM Instrument evaluation. IEEE Trans. Geosci. Rem. Sensing 28:781-790.

Khundzhua G G,Andreev E G,1973. On determination of heat and water vapor fluxes in the ocean-atmosphere system from measurements of the temperature profile in a thin water layer. Doklady Akademii Nauk SSSR 208:841-843,in Russian.

Kramer H J,1994. Observation of the Earth and environment. Survey of missions and sensors. Second edition. Springer-Verlag,Berlin.

Wentz F J,1991. User's manual SSM/I Antenna temperature tapes(Revision 1). RSS technical report. Santa Rose.

第7章　利用 SSM/I 辐射计观测北大西洋热通量的季节和年际变化

7.1　卫星估算月平均亮度温度、大气水汽总量和风速

7.1.1　用 SSM/I 辐射计观测北大西洋上空月平均亮度温度

在调查海洋与大气相互作用过程中的 SOA 参数时，例如近地表风速（V），总水蒸气含量（Q）以及大气中的整体液态水含量，卫星 MCW 辐射测量方法可以作为一种有效的途径。云，$K(W)$ 的一个显著特征是变化非常大（每小时，每天）。根据 1994 年 1 月、2 月、7 月和 1994 年 8 月 F-08 卫星 SSM/I 辐射计测量结果（取自美国加利福尼亚州遥感实验室资料集），获得了北大西洋选定点参数 V，Q 和 W 的月平均值。这些点与以下气象站的位置一致：Alpha（A），Bravo（B），Charlie（C），Delta（D），Echo（E），Hotel（H），India（I），Juliett（J），Kilo（K），Lima（L），and Mike（M）。其中一些点与挪威，纽芬兰和墨西哥湾流能量活动区（EAZO）有关，其表征是海洋与大气热相互作用的强度值（图 7.1）。大多数值与墨西哥湾流和北大西洋洋流的区位有关，在这些区域观测到了明显的海气温度差及其易变性（图 7.2）。

图 7.1　北大西洋船基天气站点位置示意图

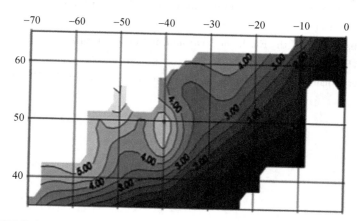

图 7.2　墨西哥湾流和北大西洋洋流区气候大气海洋温差空间分布图。坐标轴为纬度和经度

不同位置气象站每月可被观测卫星轨道数量从 17 到 34 不等。在这种观测频率情况下所获得的月平均地表参数 V,Q 和 W,对海洋学家和气象学家来说其精度是合适的。

来自各种 EAZO 的 SSM/I 数据表明,1994 年 2 月和 1994 年 8 月之间观察到的每月平均亮度温度具有显著的差异(表 7.1)。这项工作是在 1996—1998 年作为 NASA 和 Roscosmos 合同的一部分进行的,后来由 Grankov 和 Gulev(1996)发表。

例如,在湾流 EAZO 的 H 点,SOA 月平均亮度温度的季节性变化(毫米和厘米波长)在 $16\sim45$ K 等。在 M 点(在挪威 EAZO),变化幅度约为 13 K。这些亮度温度取值与 SSM/I 设备的灵敏度及其校准误差形成对比,这为分析海洋与大气相互作用的季节性动态变化提供了依据。

表 7.1　1994 年 2 月和 8 月在北大西洋各站点观测到的 SOA 月平均亮温　　（单位:K）

站点	85V	85H	37V	37H	22V	19V	19H
1994 年 2 月							
A	234.5	196.5	201.4	147.8	188.2	177.0	112.1
B	232.1	192.5	200.9	147.5	184.7	175.7	110.4
C	237.3	201.1	202.2	149.3	189.9	177.1	113.0
D	242.4	213.2	207.7	160.1	198.9	183.8	123.4
E	250.3	221.1	206.2	154.1	210.6	186.6	126.0
H	239.4	198.4	201.0	144.1	193.9	178.3	111.9
I	238.0	200.5	202.8	150.6	192.5	178.7	115.3
J	240.1	206.5	204.3	153.3	196.8	180.7	118.8
K	245.0	214.9	206.3	155.3	202.5	183.2	122.6
L	238.8	204.9	203.9	153.1	194.4	179.8	117.6
M	236.9	197.7	201.7	145.7	187.8	175.9	108.8
1994 年 8 月							
A	250.2	220.6	207.5	153.4	204.6	182.4	119.3
B	249.9	222.7	211.8	163.0	210.1	186.8	128.2
C	252.3	223.3	207.9	154.0	207.7	184.0	122.0
D	259.8	235.6	214.1	163.1	225.2	195.6	137.9
E	267.0	244.9	216.0	162.0	235.0	201.1	142.8
H	264.3	242.7	216.9	165.7	234.5	201.6	145.1
I	249.2	215.2	205.0	147.7	203.1	181.5	116.5
J	251.9	223.3	208.2	155.0	209.2	185.1	123.4
K	258.4	234.2	211.7	159.1	219.1	190.7	130.6
L	249.9	217.7	205.7	150.0	205.1	182.6	118.9
M	247.3	210.9	203.6	145.3	201.9	180.4	114.8

7.1.2　SSM/I 辐射计获取的北大西洋区 SOA 参数月平均值及其精度

基于 Alishouse 等(1990)、Alishouse 等(1990)和 Goodberlet 等(1990)的算法,并利用来

自卫星的连续观测数据，以及在世界海洋各个物理和地理区域的直接测量，计算得到了上述北大西中各位置点的近地表风速(V)，大气总水汽含量(Q)、云中整体液态水含量(W)的逐日估算值。根据这些结果，我们估算了参数 V，Q 和 W 的每月平均值，以及它们相对 SSM/I 辐射计测量的亮度温度在不同空间平均尺度下的变异性。表 7.2 和 7.3 显示了分析得出的北大西洋 A～M 点的一些结果。

为了验证卫星 MCW 辐射度估计的月平均风速和大气中总水汽含量，本文使用了来自美国海洋和大气综合数据集（COADS）和国家环境预测中心（NCEP）/国家大气研究中心（NCAR）的季节性时间尺度数据集（2—8 月）。NCEP/NCAR 资料集囊括了海洋学、天气和气候、水文和冰川学、生物地球化学等研究领域长期观测结果（Kalnay et al,1996）。

表 7.2　不同空间分辨率情况下卫星 MCW 辐射对风速估计值的月平均及其均方根误差（rms）

站点	均值	rms	均值	rms	均值	rms
未对降水影响进行修正						
A	17.9	3.86	17.8	3.71	18.0	3.67
B	18.7	4.16	18.4	3.22	18.6	3.15
C	17.1	3.70	16.6	3.83	16.3	3.87
D	19.7	4.99	18.9	5.34	18.9	5.39
E	14.9	3.16	15.1	3.04	15.0	2.89
H	14.6	4.09	14.7	4.13	14.9	3.99
I	17.7	4.17	17.5	4.22	17.6	4.21
J	17.4	—	17.0	4.00	17.9	3.91
K	16.3	4.02	16.6	3.38	16.7	4.62
L	18.0	4.32	18.2	4.41	18.4	4.50
M	15.4	—	15.6	—	15.2	3.25
考虑降水影响						
A	17.7	3.30	17.7	3.67	17.8	3.70
B	18.9	3.60	18.2	3.22	18.5	3.50
C	16.2	3.70	16.5	3.60	16.8	3.50
D	18.9	4.40	18.7	4.00	17.7	4.30
E	14.8	2.90	14.6	2.50	14.0	2.70
H	14.5	4.30	14.0	4.20	14.6	4.00
I	17.2	3.70	17.2	4.13	17.2	4.12
J	16.9	—	16.4	4.45	17.1	3.81
K	15.8	3.57	15.8	3.87	15.8	3.92
L	17.2	3.85	17.3	3.91	17.2	3.87
M	14.9	3.21	14.9	3.22	15.0	3.11
5°×5°			2.5°×2.5°		1°×1°	

表 7.3　不同空间分辨率情况下卫星 MCW 辐射对大气水汽总含量估计值的月平均及其均方根误差(rms)

站点	均值	rms	均值	rms	均值	rms
			未对云和降水影响进行修正			
B	0.62	0.16	0.60	0.13	0.59	0.13
C	0.81	0.18	0.81	0.18	0.10	0.09
D	1.09	0.70	1.00	0.60	0.90	0.3
E	1.90	0.54	1.92	0.55	1.70	0.70
H	1.12	0.46	1.11	0.43	1.12	0.30
I	0.90	0.19	0.80	0.70	0.88	0.70
J	1.13		1.18	—	—	—
K	1.38	0.42	1.40	0.44	1.39	0.44
L	0.98	0.25	0.98	0.22	0.98	0.21
M	0.77	—	0.80	—	—	—
			考虑云和降水影响			
A	0.72	0.16	0.73	0.16	0.74	0.17
B	0.61	0.14	0.60	0.13	0.59	0.13
C	0.80	0.17	0.81	0.18	0.81	0.19
D	1.00	0.38	1.00	0.36	0.99	0.33
E	1.88	0.53	1.90	0.54	1.96	0.57
H	1.08	0.42	1.09	0.41	1.10	0.42
I	0.87	0.16	0.87	0.15	0.87	0.15
J	1.09		1.16	—	1.08	0.27
K	1.31	0.38	1.31	0.40	1.31	0.41
L	0.93	0.20	0.93	0.19	0.92	0.18
M	0.74	0.16	0.74	0.16	0.75	0.14
	5°×5°		2.5°×2.5°		1°×1°	

经比较发现,参数 Q 本身变化范围为 $0.5\sim4$ g·cm^{-2},而卫星与直接测量之间的差异范围为 $0.2\sim0.4$ g·cm^{-2};当参数 V 低于 10 m·s^{-1} 时,卫星与直接测量差异范围为 $2\sim3$ m·s^{-1},高于 10 m·s^{-1} 时,测量差异范围为 $3\sim5$ m·s^{-1}。从表 7.2 和表 7.3 可以看出,①SSM/I 对近地表月平均风速和大气总水汽的估计略依赖于卫星数据的空间平均;②在适合 SSM/I 设备的时间和空间分辨率范围内,大气云量和降水不影响 MCW 辐射对近地表风速 V 和总水汽含量 Q 估算的精度。

7.2　利用 F-08 卫星(DMSP)估算北大西洋月平均热通量

7.2.1　用历史数据对卫星估算的月平均热通量进行验证

利用卫星测量值估算了月平均感热通量和潜热通量,并与 COADS 气候档案和 NCEP/NCAR 档案中 1994 年的数据(Grankov et al,1999)进行了比较。利用卫星无源 MCW 辐射资料测定的近地表风速(V)和大气总水汽含量(Q),其月平均值 Q 与近地表空气湿度(水汽压)e 和温度 t_a 有明显的相关性。通过对 49 个海洋气象站 17 a 来月平均 Q 和 e 参数的分析,计算了 Q 和 e 参数之间的关系(Liu,1988)。利用这些数据以及一系列大气湿度观测(Matveev and Soldatov,1982)结果,建立了利用公式(1.2)计算近地表大气水汽压(e)的局部回归模型。

公式(1.1)中用来计算显热通量(q_h)时所需的近地表空气温度(t_a)的月平均值,可以根据近地表空气湿度(e)的月平均值来确定。依据是利用 VNII GMI(Obninsk 的全俄水文气象研究所)的档案数据建立的 t_a 和 e 参数之间的回归关系(Birman 档案)。

计算感热通量(q_h)所需的月平均 OST 值(t_s),来自多年平均的海洋和水文气象资料 CO-ADS 档案资料,其原因基于两种情况:

(1)在 SSM/I 辐射计中缺少用于确定 OST 的通道,其数据用于支撑该算法。

(2)月平均 OST 值的年际变化率明显低于其季节性变化率,对此进行分析是我们的基本目的。

计算月平均热通量 q_h 和 q_e 时,用到了公式(1.1)和(1.2)中所提到的参数化。此处,t_s、t_a、e 和 V 参数的月平均值作为初始值。由于考虑了这些 SOA 参数的天气变化,这种方法产生的结果接近于通过更严格的方法来计算的热通量结果。

由于北大西洋 16 个地区可提供最具代表性的海洋和气象数据,对这些地区 1994 年 1 月、2 月、7 月和 9 月感热通量和潜热通量的平均(月平均)值进行了估算。图 7.3 给出了 1994 年 2 月对北大西洋 11 个地区的评估结果(气象站 A、B、C、D、E、H、I、J、K、L 和 M)

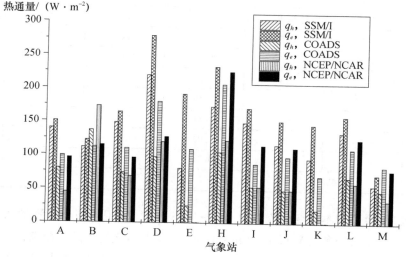

图 7.3 1994 年 2 月北大西洋各气象站的月平均感热(q_h)和潜热(q_e)与卫星(SSM/I)估计值及历史数据(COADS 和 NCEP/NCAR)的比较图,其中空间平均为 $2.5° \times 2.5°$

在图 7.3 中,许多站能量活跃区,例如挪威、纽芬兰和墨西哥湾流区,其特征是海洋与大气之间的热相互作用强度最高。卫星对这些北大西洋地区的覆盖数量每月从 17 到 34 轨不等,这保证了热通量估算的质量(根据地质学接受的度量)(Taylor,1984)。

7.2.2 卫星数据与档案数据之间的差异

将 SSM/I 估计的月平均感热通量和潜热通量按 $2.5° \times 2.5°$ 网格区域进行平均,并对其与 COADS 和 NCEP/NCAR 存档数据进行比较,其结果是令人满意的。此外,造成卫星数据与直接测量数据之间差异的主要原因可能如下:

(1)根据参数 V 和 Q 的月平均计算热通量,而没有根据其当前值(每小时,每天)计算,这会导致一定误差。

(2)忽略了体积参数化方案中某些参数,如海洋和大气之间的热交换系数(C_T)和水分交换系数(C_V)的空间和季节变化,也会导致误差;

此外,在各种描述北大西洋感热通量和潜热通量月平均估计值时空变化的档案数据之间,也存在相当大的差异,达到了 50%,有时甚至达到 100%(Lappo et al,1990)。分析结果还表明,卫星被动 MCW 辐射度估算的月平均热通量,以及动态变化的风速和大气水汽总量的月平均值,过渡值很小。

7.3　利用 DMSP SSM/I 辐射测量数据估算北大西洋表层通量的年际变化

7.3.1　问题描述

在搭载了扫描多通道微波辐射计(SMMR)的 NIMBUS7 卫星(1978 年)发射并运行了大约 9 a 的情况下,出现了利用卫星无源 MCW 辐射测量方法进行气候应用研究。自 1987 年以来,搭载了特殊传感器微波/成像仪(SMM/I)、大气温度廓线仪(SSM/T-1)和大气水汽廓线仪(SSM/T-2)的 DMSP 卫星系列一直在运行。除此之外,搭载了高级微波扫描辐射计(AMSR-E)的 EOS Aqua(2002)卫星和搭载了大气温度和湿度传感辐射计模块(MTVZA)的 METE-OR-3M 系列卫星观测数据,为我们提供了研究 30 a 海洋—大气热和动力相互作用的年代际过程的可行性。这些数据可用于气候变异性和可预测性研究计划框架(CLIVAR 实施计划 1998)和其他相关重要项目。

在这里,我们介绍一些在 DMSP 卫星任务期间收集的 SSM/I 数据的有用性评估,包括估算 SOA 边界处大规模热通量以及风速(V),大气水汽总量(Q)和降水(R)等海气边界重要参数的长期动态变化。北大西洋的挪威、纽芬兰和墨西哥湾流能源活动区,分别包括了海洋气象站 M(66°N,2°E)、D(44°N,41°W)和 H(38°N,71°W),是我们最关注的领域。这些区域位于墨西哥湾流和北大西洋的海流中,对欧洲和俄罗斯欧洲部分的天气状况有明显的影响(图 7.4)。

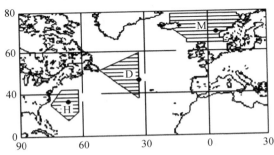

图 7.4　挪威、纽芬兰和墨西哥湾流活动区及对应海洋气象站 M(MIKE)、D(DELTA)、H(HOTEL)位置示意图

为了检验使用 DMSP SSM/I 测量确定热通量及其主要成分以提高效率的可行性,本文使用了 1988 年 1 月—1996 年 12 月期间,由 F-08 和 F-10 至 F-13 卫星测量的数据结果(这些数据可从 NASA 马歇尔太空飞行的 Goddard 分布式活动档案中心(DAAC)获得)。初始遥测信号(数据量超过 200G、格式为 SSM 和 HDF 的数据集)被转换为天线信号,然后利用 Wentz

(1991)中描述的校准算法转换为亮度温度;再从全球数据集抽取北大西洋的挪威、纽芬兰和墨西哥湾流活动区的子集。最后利用更局部区域(M、D和H点)的卫星轨道(1988—1994年)数据,确定了当前(逐日)和逐月平均SSM/I亮度温度的序列。

7.3.2 初始卫星和海洋档案数据

图7.5说明了挪威EAZO中M点处参数V,Q和R的月平均变化,这些变化是按照算法利用SSM/I数据获取的(Alishouse et al,1990;Goodberlet et al,1990;Ferraro and Marks,1995)。这些算法基于卫星所测SOA亮度温度,以及不同地球物理和地理区域长期现场同步测量的参数V,Q,R数据,建立了回归模型。因此,参数V,Q和R的估计值与实测之间的差异分别为$2\ \mathrm{m\cdot s^{-1}}$、$0.02\ \mathrm{g\cdot cm^{-2}}$和$5\ \mathrm{mm\cdot h^{-1}}$。此外,由于数据质量问题,1988年1月—1988年6月时间范围内数据被舍弃了。

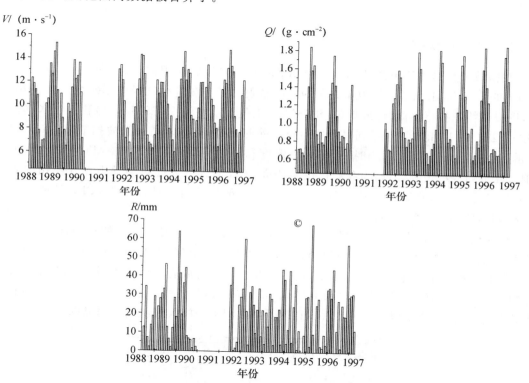

图7.5　SSM/I辐射计得到的北大西洋M点处参数V、Q和R月平均值的季节和年度变化图

为分析基于SSM/I辐射计研究1988—1998年参数V,Q和R的年际变化的可能性(图7.6),利用气象卫星所生成的MCW辐射度所估算的1988—1998年水平月平均风速值,与1953—1974年在Obninsk中心通过传统方法在M点收集的风速数据进行对比,结果表明两者之间具有良好的一致性(Handbook,1979)。它们的相关性在$0.84\sim0.88$之间。根据NCEP/NCAR档案数据,经比较发现卫星估计值与直接测量之间的差异(就绝对值而言)为$3\sim4\ \mathrm{m\cdot s^{-1}}$。

卫星辐射量对大气中水汽总量月平均的估算值与NCEP/NCAR估算值略有不同。本文认为,这是由于后来几年NCEP/NCAR档案库中积极使用了卫星MCW辐射数据,当时卫星数据(尤其是SSM/I辐射数据)极大补充了传统测量平台(船基、地基、航空平台)数据量。图7.6给出了M、D和H点月平均亮度温度的季节性变化对比;这为分析大尺度海洋与大气相互作用的年际变化,以及 SSM/I 长期测量数据提供了良好的基础。

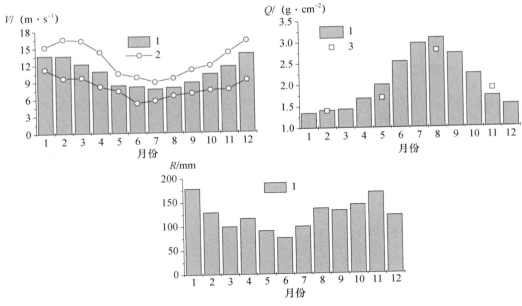

图 7.6　10 年 SSM/I 辐射计观测资料估计的纽芬兰 EAZO 区的参数 V、Q 和 R 月平均值的季节动态变化。
其中 1 为 SSM/I 估计值,2 为手册(1979)记录的极值,3 为 Snopkov(1981)记录。

本文比较了 1988—1999 年,在 M、D 和 H 三处的 SOA 月平均 SSM/I 亮度温度的季节性趋势,及其在此时间间隔内的年际变化。图 7.7 给出了 SSM/I 通道 22 V(波长 1.35 cm,垂直极化)的相应结果,如上所述,这对于分析天气时间尺度上的海洋与大气相互作用是最有用的。

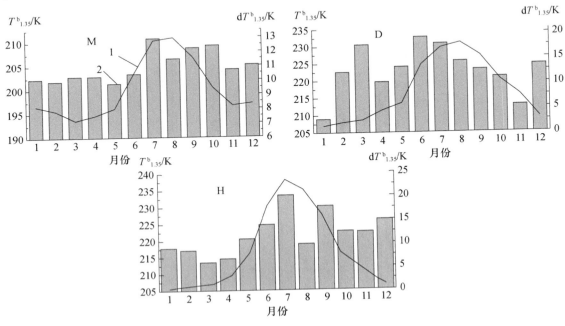

图 7.7　1988—1999 年期间 SSM/I 1.35 cm 波长亮度温度月平均值的季节变化趋势,
其中(1)为该时间段内的年际变化,(2)为 M、D 和 H 点的年际变化

考虑到 1.35 cm 波长处的亮度温度与天气和季节时间尺度上的海洋—大气界面中的热交换过程参数之间存在很强的相关性，可以预计 SSM/I 仪器的长期测量结果（或类似设备）也将有助于在气候尺度上研究这些过程。同时，通过对亮度温度可变性的季节性和气候分量之间的关系进行分析，对解释 SOA 作为气候系统在不同海洋区域中所呈现的特殊性会有帮助。

7.3.3　亮度温度作为表面热通量的直接特征及其变化

研究发现，SSM/I 所生成的 SOA 的亮度温度对点 M、D、H 处（在 $0.5° \times 0.5°$ 区域范围平均所得，与 SSM/I 空间分辨率一致）的感热、潜热和总热通量的年内和年际变化有响应。例如，图 7.8 和 7.9 表明，在 SSM/I 辐射计 22 V 通道 1.35 cm 波长处中测得的亮度温度，与月平均总热通量的长期变化之间存在明显相关（亮度温度数据中的偏差是由于对初始 SSM/I 数据的糟糕处理引起的）。图 7.9 显示了总热通量及其估计值之间的一些比较结果，这些结果表示为亮度温度 T^b_{22V}、T^b_{155V} 和 T^b_{155V} 的线性组合。

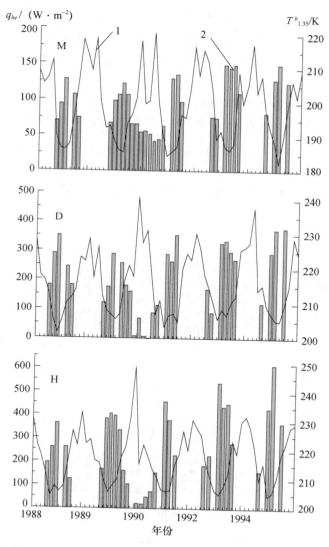

图 7.8　1988—1994 年 M、D、H 点月平均热通量 q_{he} 观测值(1)与 1.35 cm 波长亮温 T^b(2)对比图

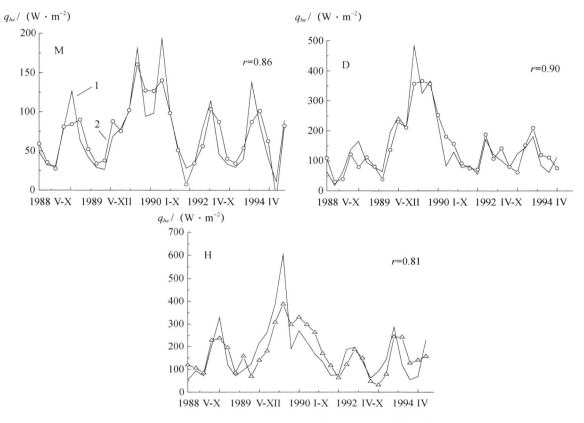

图 7.9　1988—1994 年 M、D、H 点月平均热通量 q_{he} 观测值(1)与 SSM/I
估计值(2)的相关性示意图(r 为相关系数)

因此,利用 SSM/I 亮度温度的线性组合来确定总热通量是可行的。使用另一个 SSM/I 通道(22 V 通道除外)有助于校正受大气液态水和近地表风速变化影响的热通量的估算值。

研究结果表明,利用气象遥感来确定海洋—大气界面中的气候热通量是可行的。这个问题是在研究海洋和大气中不同参数对天气时间尺度范围内亮度温度和热通量之间关系的贡献时出现的(Grankov et al,2000)。在这种情况下,由于海洋相对于大气的热惯性更大,因此可观测到水面温度对这些关系的影响可忽略不计。但是,为什么这种特殊性会体现在气候范围内是一个紧迫的问题。当我们分析以下问题时,它的解决方案很重要:

(1)从科学的角度来看,大尺度海洋—大气热相互作用过程的原始因素是什么?

(2)气象卫星对这些过程研究的有效性有多大(作为实际方面)?

7.4　小结

通过 DMSP SSM/I 仪器的长期观测,可以估算出大多数实时变化的 SOA 参数的月平均值,这些月平均值体现了季节性和气候时间尺度上的海洋—大气热相互作用。其中也包括了更具动态变化特性的参数分量的平均值:如风速和大气水汽总含量,并且这些参数的实时值难以用常规手段来估算。卫星对风速和大气水汽总含量的月平均估算值略微取决于空间平均值(在 1°×1°～5°×5° 范围内);云和降水不会影响这些参数估算的准确性。多年观测表明,大气中水汽吸收谱段(1.35 cm)的 SOA 亮度温度的月平均值，与北大西洋某些地区的表面垂直湍流热通量之间存在很强的相关性。

参考文献

Alishouse J C, Snyder S A, Vongsatorn J, et al, 1990. Determination of oceanic total precipitable water from the SSM/I. J Geophys Res, 28: 811-816 (a).

Alishouse J C, Snyder J B, Westwater E R, et al, 1990. Determination of cloud liquid water content using the SSM/I. J Geophys Res, 28: 817-821.

Goodberlet M A, Swift C T, Wilkerson J C, 1990. Ocean surface wind speed measurements of the Special Sensor Microwave/Imager (SSM/I). IEEE Trans Geosci Remote Sens, 28: 823-828.

Grankov A G, Gulev S K, 1996. Use of the radiometric measurements from the "Priroda-Mir" (Alpha) station for estimating seasonal and synoptic vertical fluxes of heat and water over oceans, earth and basins. NASA/RSA Science and Technical Advisory Council research.

Grankov A G, Milshin A A, Petrenko B Z, 1999. Natural microwave radiation as a characteristic of the ocean—atmosphere heat interaction on seasonal and synoptic time scales. Doklady Earth Sciences, 367A: 839-842.

Grankov A G, Milshin A A, Novichikhin E P, 2000. Interconnection between the brightness temperature and the intensity of the thermal ocean-atmosphere interaction (Based on the data ATLANTEX-90 experiment). Earth Observations Remote Sensing, 16: 457-467.

Ferraro R R, Marks G F, 1995. The development of the SSM/I rain rate retrieval algorithms using ground based radar measurements. J Atmos Oceanic Tech, 12: 755-770.

Handbook, 1979. Averaged month, 10 and 5-day periods values of the air water and temperature, their difference and wind speed in selected regions of the North Atlantic (1953—1974 years). VNII GMI, Obninsk In Russian.

Kalnay E, Kanamitsu M, Kistler R, et al, 1996. The NCEP/NCAR Reanalysis Project. Bull Amer Meteorol Soc, 77: 437-471.

Lappo S S, Gulev S K, Rozhdestvenskii A E, 1990. Large-scale heat interaction in the ocean-atmosphere system and energy—active zones in the world ocean. Gidrometeoizdat, Leningrad In Russian.

Liu W T, 1988. Moisture and latent flux variabilities in the tropical Pacific derived from satellite data. J Geoph Res, 93: 6749-6760.

Matveev Ju L, Soldatov S A, 1982. Water content of the atmosphere. Trudy VNII GMI 94: 36-42, Russian.

第 8 章　EOS AQUA AMSR-E 辐射计对北大西洋上空的感热、潜热、动量和大气水汽通量的观测

8.1　AMSR-E 辐射计对北大西洋月平均热量、水汽、动量通量和大气水汽的空间和季节变化的观测

8.1.1　卫星数据

基于 SSM/I、TMI、AMSR-E 和 MTVSA-GY 辐射计的多年日分辨率观测数据，生成了毫米和厘米波长范围内 SOA 亮度温度的全球资料集，以及热通量的日平均值和月平均值。关于这些辐射计通道的频率和极化特性的详细信息见 Grankov 等（2012）和 Barsukov 等（2011）。

制作亮度温度文件操作步骤

当创建亮度温度文件时，将使用日周期来表示信息。这些文件提供了亮度温度的全球空间分布信息。每 24 h 会形成两个分别记录上升和下降轨道的文件。空间区域是 $0.5°×0.5°$ 分辨率的全球矩形网格，由 720 个×360 个元素组成的阵列。网格的中心相对于赤道和格林尼治子午线。网格中每个单元的亮度温度值等于与该单元相关的所有像素的平均亮度温度值。文件的初始格式是 HDF，使用 HDF Explorer 软件进行处理。在处理的初步阶段，将各卫星通道的亮温值由二进制格式转换为文本格式。

亮度、温度和热通量数据集

以下是 2008—2011 年积累的主要数据集（超过 52000 个文件，容量超过 1000 GB）：
- SSM/I 卫星数据集（1996—1999 年）
- TMI 卫星数据集（1997—1999 年）
- AMSR-E 卫星数据集（2002—2008 年）
- 日平均和月平均热通量数据集（1996—1999 年）

以下是 2012—2013 年积累的主要数据集（超过 9000 个文件，大于 200 GB 的容量）：
- SSM/I 卫星数据集（2009—2011 年）
- TMI 卫星数据集（2009—2011 年）
- AMSR-E 卫星数据集（2009—2010 年）
- 日平均和月平均热通量数据集（2009—2010 年）
- MTVZA 卫星数据集（2009 年 11 月—2010 年 5 月）

8.1.2　用 AMSR-E 辐射资料确定感热、潜热和动量通量月平均的技术

利用卫星 MCW 辐射测量方法确定海洋—大气热相互作用的主要定量特征（SOA 边界处的感热和潜热的垂直湍流）的出发点，是用来表征多时间尺度范围内海洋表面与近地表大气之

间的水分交换(Lappo et al,1990)的方案已被海洋学家和气象学家广泛使用。这些方案中的关键参数包括了海洋表面温度(t_a)和近地表风速(V)(请参阅第 1 章中的公式(1.1)和(1.2)，以及 Grankov 和 Milshin2010 的材料)。近地表风速也是海洋—大气界面中机械能交换的定量特征(Lappo et al,1990)。

基于主要卫星 MCW 辐射测量数据与世界海洋各季节不同物理和地理区域同步浮标测量数据，利用回归算法可以确定参数 t_a 和 V。例如，Kubota 和 Hihara(2008)基于线性回归，建立了近地表空气的温度和比湿度与 EOS Aqua 辐射计 AMSR-E 的各种光谱通道和极化通道测量亮温之间的关系。

附录中给出了关于利用 AMSR-E 辐射计数据计算感热、潜热、动量通量月平均值的更详细信息。利用 lapo 等(1990)、Andersson 等(2010)、Repina(2007)、Panin(1987)、Panin 和 Krivitskii(1992)的数据对平静天气下的拖曳系数 C_V 进行了总结推广，在这些数据中，观测到了该系数估计数的最大散点。

8.1.3 感热、潜热和动量的日平均变化

本文对 2009 年 11 月—2010 年 12 月位于北大西洋(67°N,95°E)至(0°N、0°E)区域范围内的 EOS Aqua 卫星上升和下降轨道的 AMSR-E 亮温进行了处理。根据这些数据估算了感热、潜热和动量的日平均通量和月平均通量。

图 8.1 显示了各季节的典型气候图集的图形结果(2 月、5 月、8 月和 11 月)。数据空间分辨率为 $0.25° \times 0.25°$。可以看出北大西洋所有类型的月平均通量的空间变异性很高。潜热通量从最小值到最大值变化 10 倍以上是常规的，同时该参数的最大值出现在夏季。

春季和夏季以及 9—10 月在古巴附近的热带地区观测到高潜热通量。这个区域是热带气旋形成的常见区域。夏季潜热通量的差异表现较小；在秋季和冬季，它的对比度增加。在感热通量中，可以观察到与纬度有明显的依赖关系：它们在北大西洋最为强烈，随着它们接近赤道纬度，其值逐渐减少。

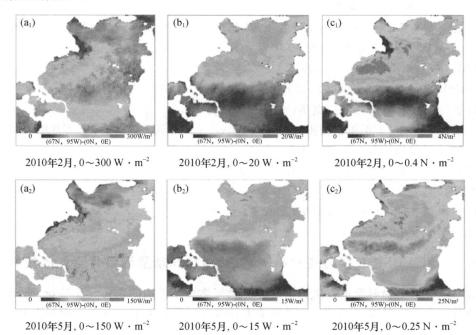

2010年2月，0～300 W·m⁻²   2010年2月，0～20 W·m⁻²   2010年2月，0～0.4 N·m⁻²

2010年5月，0～150 W·m⁻²   2010年5月，0～15 W·m⁻²   2010年5月，0～0.25 N·m⁻²

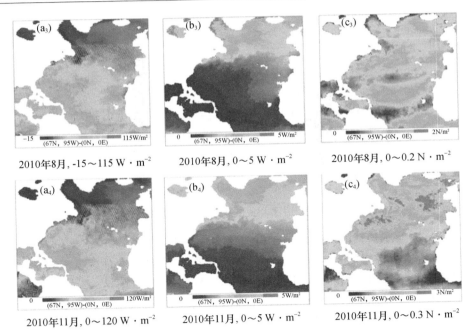

图 8.1　2010 年北大西洋海气通量月平均值：a_1—a_4. 潜热，b_1—b_4. 感热，c_1—c_4. 动量（见彩图）

　　图 8.1 给出了一个重要的结果——由卫星 MCW 辐射测量所提供的墨西哥湾流潜热通量场，其空间分辨率为 $0.25° \times 0.25°$。在图 8.2 中，给出了由于系数 C_v 与风速的相关性所产生的对月平均动量通量的修正效果。

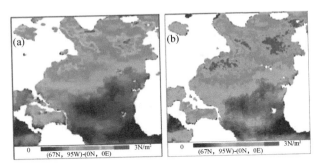

图 8.2　动量通量的空间分布图。（a）未考虑风速修正，（b）考虑风速修正（见彩图）

　　从图 8.2 可以看出，两种情况下的空间分布相似；然而，可以观察到参数 q_v 的尺度发生了根本性的变化。图 8.3 更准确地定义了这些数据的初始区别。

　　为使得这些过程与卫星观测到的毫米和厘米波亮度温度相一致，对 SOA 界面中的热量和水汽交换系数进行了适当的校正。从结果可得出结论，卫星扫描辐射计例如 AMSR-E 设备，可以用作研究海洋和大气边界处热量、水汽和动量垂直湍流通量季节动态变化的有效工具。

8.1.4　北大西洋大气 2010 年逐月平均水汽含量变化

　　从遥感系统网站（http://www.ssmi.com），可以下载 EOS Aqua 卫星辐射计 AMSR-E 测量数据处理产品，其中包括海洋表面温度、近地表风速和大气水汽总含量等。这些产品是利用 Wentz 和 Meissner（2000）中描述的算法制作的。图 8.4 给出了利用网站获得的 2010 年北大

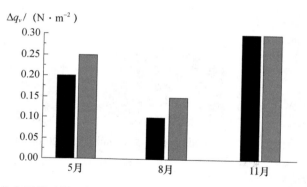

图 8.3　2010 年北大西洋动量通量月平均值变化:■未考虑风因子修正,■考虑风因子修正

西洋区域 MCW 辐射所估计的产品。该年份大气水汽月平均总量比正常年份有所减少,同时该年份特别的是,墨西哥湾的大规模石油泄漏以及俄罗斯、欧洲部分地区夏天异常炎热。本文将网站数据转化为日数据,再转化为月平均热量和动量通量。

　　图 8.4 显示了大气水汽空间分布图的特定条纹效应,也就是表明了它的纬向规律性。随着不同海域、不同季节以及地理纬度的变化,该参数变化范围很大,其区间位于 $1.5 \sim 5.5 \ \mathrm{g \cdot cm^{-2}}$。对于感热和潜热通量,以及变化程度上较小的动量通量,也看到了类似的效果。

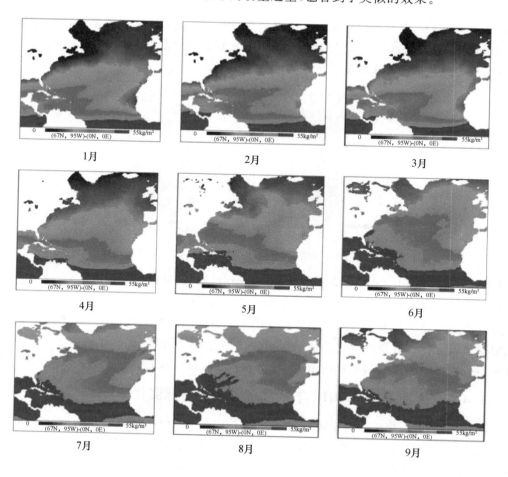

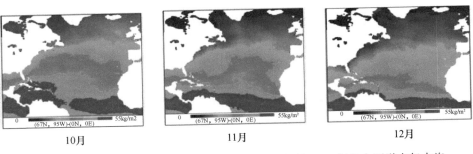

图 8.4　EOS-Aqua 卫星 AMSR-E 辐射计数据测得的 2010 年北大西洋大气水汽
总含量空间分布(逐月平均值)(见彩图)

图 8.5 显示了以 M(MIKE)、D(DELTA)和 H(HOTEL)三点为中心的局部地区(0.5°×0.5°的正方形)大气总水汽含量月平均值的季节性变化,这三个点分别位于挪威、纽芬兰和EAZOs 湾流地区。图 8.5 反映了通过 SSM/I 亮度温度变化获得的 SOA 参数的典型变化,测量波长分别为 1.35 cm 和 5.9 mm。

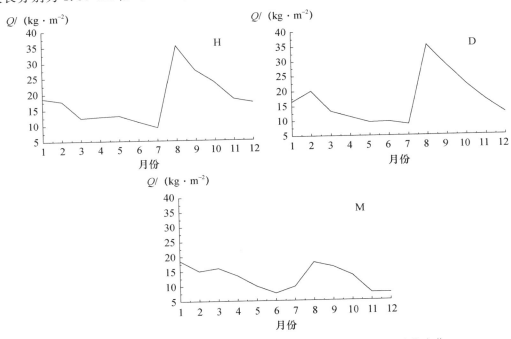

图 8.5　AMSR-E 观测的 2010 年 H、D、M 点大气水汽含量的季节变化

8.2　在墨西哥湾流和北大西洋流区域,亮温可作为描述海洋—大气热相互作用的特征

8.2.1　墨西哥湾流 H 区和 D 区亮温的季节变化分析

本文分析了在北大西洋湾流和北大西洋海流通道的不同区域,AMSR-E 辐射计测量的月平均亮温的季节变化。

图 8.6 和图 8.7 分别显示了对墨西哥湾流(H)和纽芬兰(D)EAZOS 区域 AMSR-E 辐射计通道观测的分析结果,共包含 10 V(波长 2.82 cm,垂直极化)和 23 V(波长 1.26 cm,垂直极

化）两个通道，同时比较了 2010 年这一特殊年份和 2005 年这一倾向于正常气候范畴的年份。

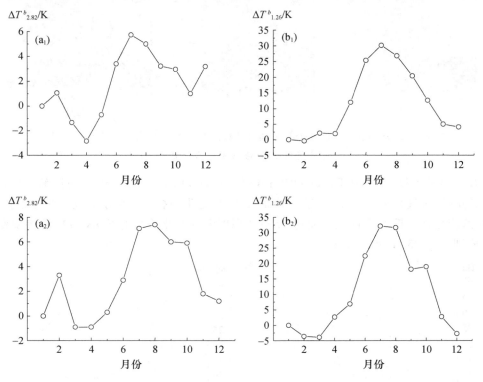

图 8.6　H 区 2.82 cm 和 1.26 cm 波长处亮温月平均值变化（a_1，a_2．2010 年，b_1，b_2．2005 年）。水平坐标轴为月份

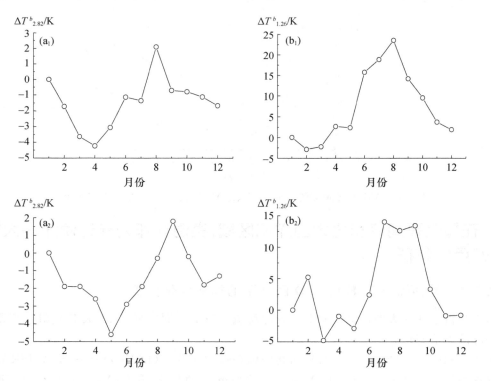

图 8.7　D 区 2.82 cm 和 1.26 cm 波长处亮温月平均值变化（a_1，a_2．2010 年，b_1，b_2．2005 年）。水平坐标轴为月份

从图 8.6 可看出,对于 2.82 cm 波段,两个区域的季节变化最大值分别为 7 K(D 区)和 9 K(H 区);而对于 1.26 cm 波段,这两个区域的季节变化最大值分别为 20~30 K 和 30~35 K。这一结果与热带地区海洋与大气之间的热量和水分交换比中纬度地区更强烈这一事实是一致的。

本文分析了 2010 年 AMSR-E 通道 6.9 V(波长 4.35 cm,垂直极化)测得的 H、D 区月平均亮温的季节变化特征。该年 4 月,墨西哥湾发生了大规模石油泄漏。这一事件是墨西哥湾流到欧洲海岸的热输送部分受阻的原因。与 2.82 cm 波长相比,波长 4.35 cm 处的亮温对 OST 变化的影响更为密切(Shutko,1986)。

图 8.8 对比了 2010 年北大西洋 H 和 D 两个地区亮温月均值的变化 $\Delta T^b_{3.45}$ 和 OST Δt_s。以参数 $T^b_{3.45}$ 和 t_s 在 D 区的最小值(2010 年 8 月)为参考点。

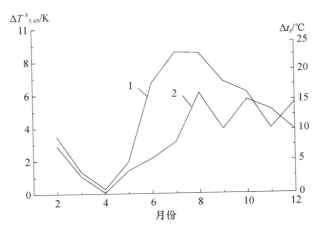

图 8.8　2010 年 3.45 cm 波长处亮温 T^b 和海表温度 OST t_s 月平均值的季节变化,其中(1)为 H 区,(2)为 D 区。

OST 的近似估计值是利用参数 $T^b_{3.45}$ 和 t_s 在适合于 H 和 D 区域的变化范围内的已知回归关系得出的。从图 8.8 可以看出,直到 4—5 月,H 和 D 区域中参数 $T^b_{3.45}$ 和 t_s 的变化是相似的。后来他们的行为大相径庭,其可能的原因是墨西哥湾的漏油事件。

图 8.9 显示了区域 D SOA 月平均亮度温度的统一尺度变化。可以清楚地看到,2.82 cm 波长亮度温度对 OST 变化的响应,与之相比的是 1.26 cm 波长亮度温度对大气水汽总量变化的响应时间要滞后(约 1 个月)。这种特殊性决定了构造 SOA 亮度温度的相轨迹(回路)形式的 MCW 辐射图像的可能性,该 MCW 辐射图像以北大西洋的各种 EAZO 中海洋与大气之间的热与水分交换的年度动态来构建。

8.2.2　墨西哥湾流 H 区和 D 区的亮度温度年循环

Lappo 等(1990)开发了一种估算海气边界处整体(年平均)热通量(见第 2 章)的方法,该整体热通量方法具有广泛的用途。该方法基于一个重要的观察结论,即热通量积分(年度)值不仅取决于月平均海洋表面温度(t_s)和近地表大气温度(t_a)变化的振幅,还取决于年度内(季节性)演化的时移。在分析季节尺度大气—海洋热相互作用(海洋热量输入大气以及海洋热量输入大气)的强度及其特征时,考虑 t_s 和 t_a 参数演化的时间匹配(不匹配)是很重要的。

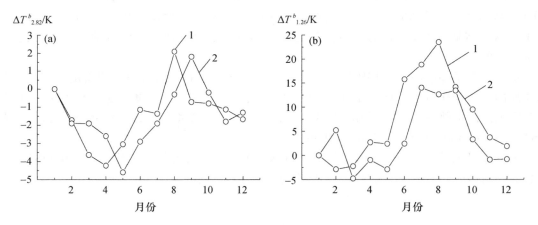

图 8.9　D 区 2.82 cm 和 1.26 cm 波长处亮温月平均值的季节变化：2010 年（1）和 2005 年（2）

对于 SOA 的自然 MCW 辐射对海洋表面温度和大气近地表温度的敏感性，通过可以构建一些 t_s、t_a 年周期的辐射图像作为初始数据开展研究。结果发现 3～8 cm 光谱区间的亮温，对参数 t_s 变化的敏感性最高；波长 1.35 cm 处的亮温与大气温度、湿度特性密切相关。Grankov 和 Milshin（2004 年）（另见第 2 章）考虑并说明了这种方法，其中 SOA 亮温的估计值是基于现有微波辐射模型利用历史海洋学和气象参数计算的。基于积累的过去 25 a 卫星 MCW 辐射测量的全球历史数据，可以通过实验研究这些问题。

图 8.10 比较了 2010 年和 2005 年北大西洋墨西哥湾流 EAZO 上 AMSR-E 月平均亮温轨迹图。可以看到这些年来 MCW 辐射特性的真正区别可由它们的几何图形所表达。

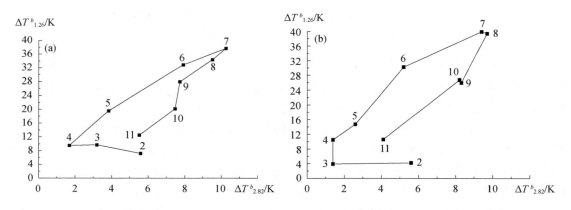

图 8.10　北大西洋 H 区 1.26 cm 和 2.8 cm 波长 SOA 亮温耦合年轨迹：2010 年（a）和 2005 年（b）

可看出亮度温度年循环及其平方形式的一些区别，这些区别刻画了这些年来大气—海洋热量和动力相互作用的强度变化。此外，还显示了 D 区湾流年亮温循环在热传输方面的特点（图 8.11）。

与 2005 年相比，2010 年北大西洋区域亮温环面积（相当于 SOA 年热通量）减少了 1.7。该热量和 MCW 辐射特征可归因于 2010 年 4 月墨西哥湾的漏油事件。今年（2016 年）与 2005 年不同，这些对比值更高。

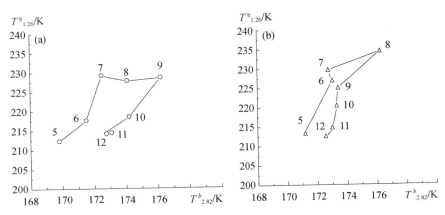

图 8.11　北大西洋 D 区 1.26 cm 和 2.8 cm 波长 SOA 亮温耦合年轨迹:2010 年(a)和 2005 年(b)

8.3　小结

利用 EOS Aqua 扫描辐射计 AMSR-E 的测量数据得到了 2009 年 11 月—2010 年 12 月期间北大西洋月平均垂直湍流、感热、潜热和动量通量的季节性动态全球估计值。基于现代卫星 MCW 辐射计提供的空间分辨率为 $0.25° \times 0.25°$ 的潜热通量场资料,可以从空间观测墨西哥湾流及其年变化。

基于辐射计 AMSR-E 资料,可以估计湾流不同能量活跃区的积分(年)热通量,并对这些特征的季节和空间变化进行比较分析。在研究北大西洋的气候趋势及其对欧洲和俄罗斯欧洲领土天气状况的影响时,这些非常重要。

此外,通过利用 AMSR-E 辐射计的长期 MCW 辐射测量数据,对地表感热和潜热通量、大气中的水汽总含量等进行分析,实现对墨西哥湾漏油对墨西哥湾流热状态及其组成部分影响进行研究是可行的。

附录:利用辐射计 AMSR-E 资料计算热、水汽和动量月平均通量的方法

初始关系和近似值。目前,估计海洋—大气边界处感热、潜热和动量的表面通量的更现实的方案是第 1 章中引用的体积公式。其重点是通过 EOS Aqua 卫星 AMSR-E 辐射计确定海洋表面温度(OST)、近地表气温、湿度和风速。

基于 AMSR-E 辐射计所有 12 个测量通道的 SOA 亮温测量数据,可以利用以下关系式估计近地表相对空气湿度 q_a:

$$q_a = a_0 + a_1 T_{6V} + a_2 T_{6H} + a_3 T_{10V} + a_4 T_{10H} + a_5 T_{18V} + a_6 T_{18H}$$
$$+ a_7 T_{22V} + a_8 T_{22H} + a_9 T_{36V} + a_{10} T_{36H} + a_{11} T_{89V} + a_{12} T_{89H} \tag{8.1}$$

这里,T 的下标数字索引表示辐射通道的频率(以 GHz 为单位);符号 V 和 H 分别表示垂直和水平极化。

对于近地表气温的估计,采用参数化方案(算法来自 HOAPS 2011;Andersson et al,2010):

$$T_a = 1.03 T_s - 0.32 \tag{8.2}$$

使用 Magnus 公式计算饱和相对湿度 e_0:

$$e_0 = 6.1078 \times \exp\left[\frac{17.2693882 \times T_s - 273.16}{T_s - 35.86}\right] \tag{8.3}$$

利用下面的关系来确定海洋(q_s)的咸水表面上的饱和表层空气湿度,适用于海洋表面:

$$e_{0S} = 0.98 e_0 \tag{8.4}$$

在标准近地表大气压下,有 $q_s = 0.622 \dfrac{e_{SO}}{p - 0.378 e_{S0}}$

通常 SOA 界面中的热量和水汽交换值在 CH=$(1 \sim 2) \times 10^{-3}$、CE=$(1.0 \sim 1.7) \times 10^{-3}$ 的范围内变化很大(Lappoetal,1990)。全局空气动力学方法的主要问题是确定这些公式中系数的替代方案。

图 8.12 给出了两个参数化方案中近地表风速的施密特数(CT)对系数 CH 的依赖性,该参数化在许多其他已知变体中的散射具有代表性(引自 Lappo et al,1990,以 Garrat,1977 和 Kondo,1975 的工作为基础)。

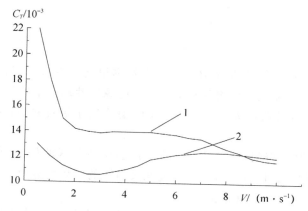

图 8.12　Garrat(1)和 Condo（2）给出的 Schmidt 指数对近地表风速的依赖关系

图 8.12 显示,在风速为 3 m · s^{-1} 的弱天气情况下,SOA 界面中各种热量和水汽交换参数化之间的最大区别是显而易见的。Panin(1987)、Panin 和 Krivitskii(1992)为这些情况下的感热通量和潜热通量提供了有用的关系:

$$H = A p_a c_p (T_s - T_a)^{4/3} \left[\alpha g k_T^2 \nu^{-1}(1 + b/Bo)\right]^{1/3}; \tag{8.5}$$

$$L_E = A p_a L_s (q_s - q_a)^{4/3} \left[\beta g k_q^2 \nu^{-1}(1 + Bo/b)\right]^{1/3} \tag{8.6}$$

式中,$A=0.15$,$b=0.61$,$L_s=25.04 \times 10$ J · kg^{-1} 为比蒸发热,$g=9.81$ m · s^{-2},α 为空气热膨胀系数(b≈0.073),m 为空气运动黏度(厚度),$Bo^{1/4}$ LHE 为鲍文数,k_T、k_q 为热量和水汽交换的分子扩散的运动学系数。

当风速超过 3 m · s^{-1} 时,换热系数取值为 $CH=0.0012$ 和 $CE=0.0011$。通过总结 Panin(1987)、Panin 和 Krivitskii(1992)和 Repina(2007)的数据,我们得到了阻力系数的估计值,其表达式为分段线性相关($CD=a+b(V-c)$):

对于 $V<3$ m · s^{-1},$CD=0.001$,不依赖于 V

对于 $V=3 \sim 12.5$ m · s^{-1},有 $a=1$,$b=0.0706$,$c=3$

对于 $V>12.5$ m · s^{-1},有 $a=1.6$,$b=0.02286$,$c=12.5$

参考文献

AMSR Ocean Algorithm // RSS Tech. Proposal 121599A－1. Remote Sensing Systems, Santa Rosa.

Andersson A, Fennig K, Klepp C, et al, 2010. The Hamburg Ocean Atmosphere Parameters and Fluxes from Satellite Data-HOAPS-3. Earth Syst Sci Data 2: 215-234.

Barsukov I D, Nikitin O V, Streltsov A M, et al, 2011. Preprocessing the data of Meteor-M No. 1 MCW radiometer MTVZA GY. Modern problems of remote sensing the Earth from space: 257-263, In Russian.

Grankov A G, Milshin A A, 2010. Microwave radiation of the ocean-atmosphere: Boundary heat and dynamic interaction. Springer Dordrecht Heidelberg London New Jork.

Grankov A G, Milshin A A, Soldatov V Ju, et al, 2012. Archives of microwave, oceanographic, and meteorological data in zones of appearance of the tropical hurricanes. Problemy Okruzhayushchei Sredy i Prirodnykh Resursov 12: 17-34, In Russian. http://www.ssmi.com/.

Kubota M, Hihara T, 2008. Retrieval of surface air specific humidity over the ocean using AMSR-E measurements. Sensors 8: 8016-8026.

Lappo S S, Gulev S K, Rozhdestvenskii A E, 1990. Large-scale heat interaction in the ocean-atmosphere system and energy－active zones in the world ocean. Gidrometeoizdat, Leningrad In Russian.

Panin G N, 1987. Evaporation and heat exchange in Caspian Sea. Nauka, Moscow In Russian.

Panin G N, Krivitskii S V, 1992. Aerodynamic roughness of the water body. Nauka, Moscow In Russian.

Repina I A, 2007. Methods of determination of the turbulent fluxes over sea surface. Institute of Space Researches RAS (Preprint), MoscowIn Russian.

Shutko A M, 1986. Microwave radiometry of water surface and soils. Nauka, Moscow In Russian.

Wentz FJ andMeissner T (2000) Algorithm Theoretical Basis Document (ATBD). Version 2.

附录参考资料

Algorithm Theoretical Basis Document HOAPS (2011) release 3. 2 Ref Number: SAF/CM/DWD/ATBD/ HOAPS. Issue/Revision Index: 1. 1. 25. 03. 2011.

Garrat J R, 1977. Review of drag coefficients over oceans and continents. Monthly Weath Rev. 105: 17-28.

Kondo J, 1975. Air-sea bulk transfer coefficient in diabatic conditions. Bound Layer Meteor 9: 91-112.

第9章 热带气旋活动区域 SOA 参数动力学分析

9.1 "卡特里娜"飓风和"温贝托"飓风热带气旋期间墨西哥湾海洋表面和近地表大气参数动力学

9.1.1 研究事项和任务

本文分析了 2005 年 8 月强大的"卡特里娜"飓风在经过佛罗里达海峡的 SMKF1（桑布雷罗基）浮标站地区时海洋—大气系统的反应。此外本文还分析了 2007 年 9 月"温贝托"飓风形成、发展和消亡期间大气海洋系统在墨西哥湾浮标站 42019 点的特征（浮标站的代号和编号取自现有的 NOAA 分类）。

对该时间段内以下海洋和大气参数在天气尺度上的变化进行了分析：

（1）SMKF1 和 42019 站的海洋表面的温度、空气温度、湿度、压力和近表层（厚度：10～20 m）风速。

（2）利用站 SMKF1 和 42019 的测量数据，计算海洋—大气界面的垂向湍流感热、潜热以及动量通量。

（3）通过对 10～10000 m 高度范围内的空气湿度和温度进行积分计算得出的总（积分）大气水汽含量和焓。

地球数据的信息来源是 NOAA 的国家数据浮标中心（NDBC）。卫星数据来自气象卫星 DMSP F15 上的微波辐射计 SSM/I（特殊传感器微波/成像仪）和 EOS-AQUA 卫星上的 AM-SR-E（高级微波扫描辐射计）的观测结果。这些辐射计的技术特性在 Hollinger 等（1990）和 Kawanishi 等（2003）中分别有介绍。

9.1.2 SMKF1 站和 42019 站测量的气象参数

1. SMKF1 站（"卡特里娜"飓风）

在分析"卡特里娜"飓风对大气参数的影响时，将 NDBC 数据库的 SMKF1 站作为佛罗里达海峡（24.38°N，81.07°W）的参考点。2005 年 8 月 25 日中午，"卡特里娜"飓风的轨迹与该站之间的最近距离约 120 km；此时，飓风已经从巴哈马群岛附近的形成地点移动了约 800 km。

本文分析了 2005 年 8 月 21—31 日 SMKF1 站区域的 NDBC 数据。在"卡特里娜"飓风到来之前和离开后，近地表空气参数与它们的未受影响（背景）值出现了明显的差异。空气温度、湿度和压力的变化分别约为 −6℃、−15 mb 和 −13 mb。

图 9.1 显示了 2005 年 8 月 21—31 日 SMKF1 站传感器记录的大气近地表层空气温度 t_a，和压力 P，以及计算所得的近地表空气湿度（水汽压力）e 的变化。参数 e 是利用在其与水温和

空气温度差异间的关系得出的,Snopkov(1977)利用世界海洋不同区域的历史数据建立了这种关系,NOAA 浮标站不包括直接测量空气湿度。

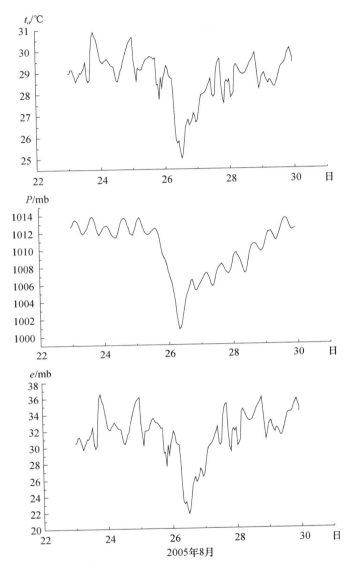

图 9.1　2006 年 8 月"卡特里娜"飓风过境期间佛罗里达海峡 SMKF1 台站所在区域近表层气温 t_a、压力 P 和湿度 e 的变化

图 9.1 给出了参数 t_a、P 测站值和参数 e 估计值的平滑结果。平滑处理利用了 ORIGIN 相邻平均程序的标准方法,并以 3 h 间隔对每小时样本进行平均。来自 SMKF1 传感器的初始数据包括参数 t_a,e 和 P 的 240 h 样本,表征了 SMKF1 站区域分别在"卡特里娜"飓风之前(8 月 21 日至 24 日)、过境(8 月 25—29 日)和 SOA 恢复阶段(8 月 30—31 日)。这些结果表明飓风活动期间需要考虑大气中的突增作用。

线性回归分析结果表明,近地表空气温度和湿度的变化之间密切相关,参数 t_a 和 e 的相关系数为 0.94。基于浮标气象测量并使用 Xrgian(1978)中引用的技术,我们计算了 2005 年 8

月21—31日近地表大气的内部能量(熵)值。当通过SMKF1点时,"卡特里娜"飓风从大气层的近地表层收集热能。根据我们的估计,在此期间它减少到大约32,500 J·m^{-2}。

2.站点42019("温贝托"飓风)

"温贝托"飓风于2007年9月中旬在墨西哥湾生成。它不像"卡特里娜"飓风那么强烈,但它在这些研究中很重要,因为它的源区恰巧位于浮标站42019位置(坐标27.91°N,95.35°W),这使得在气旋形成的不同阶段监测大气近地表层参数(同时使用MCW辐射进行观测)成为可能。根据42019站的数据观测,明确表明在"温贝托"飓风的生成阶段,大气近地表层的参数具有很强的可变性,空气温度、湿度、压力和风速的变化分别达到3℃、8 mb、5 mb和8 m·s^{-1}(图9.2)。

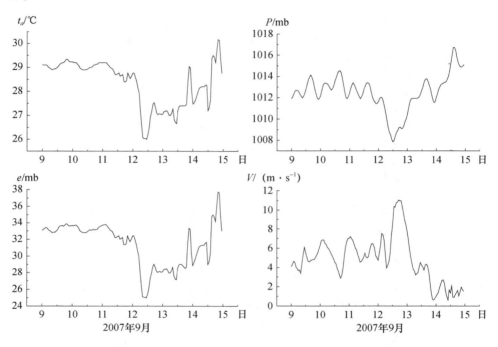

图9.2　2008年9月"温贝托"飓风形成期间墨西哥湾42019台站近表层温度 t_a、湿度 e、压力 P、风速 V 的变化

9月9—14日近地表空气湿度的变化与近地表空气温度的变化几乎相同:其相关系数为0.97。近地表气压在飓风发展(9月12日)时急剧下降。对2007年9月9—14日42019台站位置大气近地表层的熵进行计算的结果表明,在"温贝托"飓风的发展过程中,该处熵降低了12500 J·m^{-2}。

9.1.3 "卡特里娜"飓风和"温贝托"飓风活动区域海洋表面温度、热量、湿度和动量通量的动力学分析

对"卡特里娜"飓风通过SMKF1站(2005年8月22—31日)期间以及"温贝托"飓风(2007年9月8—16日)的形成和发展期间的海洋表面温度变化进行了分析,结果见图9.3。为了证明海洋表面温度的行为特征,浮标测量利用计算机技术ORIGIN(sigmoidal函数)进行了近似,产生了原始依赖物的晕滑运动。图9.3显示,与温贝托形成过程中观察到结果相比,"卡特里娜"飓风通过导致的SMKF1站区域海洋表面温度值的"跳跃"达到其几倍。

　　根据海表温度浮标测量值、近地表空气湿度估计值和风速观测值,使用全球空气动力学方法中著名的动态气象公式(bulk 公式),计算了海洋—大气边界处的感热 q_h 和潜热 q_e 的值。该方法的有效性已被 Lappo 等证明(1990),请参阅第 1 章。在以下各节中,介绍了利用墨西哥湾地区 SMKF1 和 42019 站的浮标测量值,计算所得热通量的一些结果。

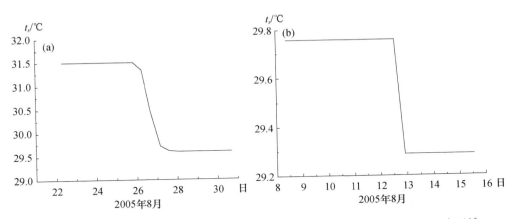

图 9.3　海表温度 t_s 的变化特征:(a)"卡特里娜"飓风过境期间 SMKF1 站的一个区域,
(b)"温贝托"飓风形成期间的 42019 站区域

1. SMKF1 站("卡特里娜"飓风)

　　图 9.4 显示了热通量(3 h 平均)的一些计算结果。可以观测到"卡特里娜"飓风通过 SMKF1 站时热通量显著减少,感热通量减少约 20 W・m^{-2}(从 30 W・m^{-2} 减到 10 W・m^{-2}),潜热通量减少约 150 W・m^{-2}(从 350 W・m^{-2} 减到 200 W・m^{-2})。这一结果表明,由于气旋通过的影响,使海洋表面和近地表大气之间的热对比产生了平滑的效果。

　　台风经过 SMKF1 站(8 月 26 日中午)的那一刻,其参数 q_h 和 q_e 分别增加 80 W・m^{-2} 和 500 W・m^{-2}。

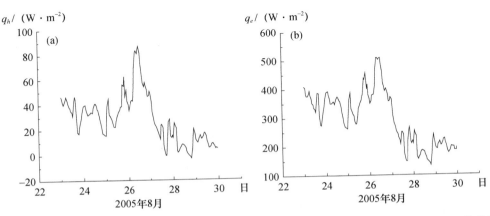

图 9.4　2005 年 8 月"卡特里娜"飓风过境期间 SMKF1 站区海面通量变化:(a)感热通量,(b)潜热通量

2. 站点 42019("温贝托"飓风)

　　图 9.5 显示了感热、潜热以及动量通量(使用 3 h 平滑)的计算结果。可以同时观察到 q_h

和 q_e 值的最大峰值，该峰值出现在 2007 年 9 月 12 日中午。这与"温贝托"飓风发展阶段的地面观测的数据相吻合。

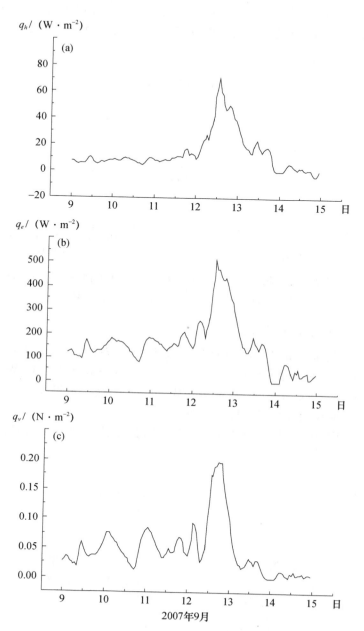

图 9.5　2008 年 9 月"温贝托"飓风形成时 42019 台站区域海面感热(a)、潜热(b)和动量(c)通量变化

　　在"温贝托"飓风出现之前(9 月 9—12 日,感热、潜热和水汽通量的平均值分别为 5 W·m^{-2}、150 W·m^{-2}和 0.05 N·m^{-2}。它们在 9 月 12 日中午发展阶段,最大值达到 75 W·m^{-2}、530 W·m^{-2}和 0.2 N·m^{-2}。值得注意的是,气象站 42019(约 600 W·m^{-2})区域的总热通量(感热和潜热)的最大值接近于 Golitsyn 对热带纬度的估计(Golitsyn,2008)。此外,这一最大值可与北大西洋纽芬兰能源活动区的总热通量值相类比,该地区经常受到强大的中纬度气

旋的影响。根据来自 NEWFOUEX-88 和 ATLANTEX-90 实验的数据,它们在 1988 年 3 月和 1990 年 4 月达到 800 W·m^{-2} 的值(Grankov and Milshin,2010)。

图 9.6 显示了"温贝托"飓风在其发展及其离开该地区后,在 9 月 17—20 日期间,在 42019 站区域的 SOA 参数松弛阶段,热通量和水汽通量的变化。从图中可以看出,参数 q_h 和 q_e 的平均值为其极限值的几分之一,如 9 月 12 日中午所观察到的。发生了一个有趣的现象:此时热通量和水汽通量变化的振荡特征接近于 24 h 的振荡周期,即日周期。另外,感热通量也是交替变化的,即从海洋表面到大气的热传递过程与从大气到海洋表面的热传递过程是交替的。在"温贝托"飓风出现之前的 9 月 9—12 日,没有观测到这种现象(图 9.2)。这种效应类似于高 Q 共振系统中的振荡的激发效应,例如 Kharkevich(2007)所描述的无线电工程中的振铃电路。

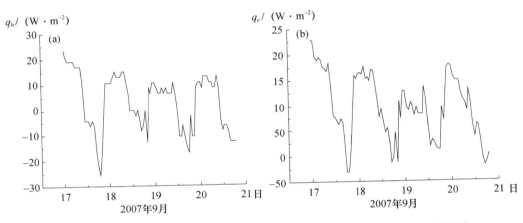

图 9.6 "温贝托"飓风出现后 42019 台站区域海面感热(a)和潜热(b)通量情况

9.1.4 "卡特里娜"飓风轨迹沿线的 SOA 亮度温度的时空动力学

1. "卡特里娜"飓风

我们研究了 2005 年 8 月 24—30 日墨西哥湾从"卡特里娜"飓风形成地区(巴哈马)到美国南岸(路易斯安那州)的 SOA 亮度温度的时空变化。对"卡特里娜"飓风活动期间 EOS Aqua 卫星的 AMSR-E 辐射计通道沿着卫星轨迹观测的墨西哥湾地区某些固定点的亮度温度的时间变化进行了分析,这些通道的波长范围在 0.82~1.6 cm 之间,同时包括水平和垂直极化两种方式。

图 9.7 显示了 2005 年 8 月"卡特里娜"飓风移动期间这些点在波长 1.26 cm 水平极化时的 SOA 亮度温度观测结果。由图可知,墨西哥湾"卡特里娜"飓风的出现伴随着 1.26 cm 波长处 SOA 亮温的峰值。这种效应的原理可以用大气水汽中无线电波衰减的共振特性来解释。在类似情况下,SOA 亮温的逐渐升高(在 5~6 d 过程中)先于其峰值,这可以解释为气旋到达之前大气水汽在逐渐积累。在此期间,大气中的水汽含量从 40~45 kg·m^{-2} 增加到 55~60 kg·m^{-2}。

NEWFOUEX-88 和 ATLANTEX-90 实验期间,在北大西洋的纽芬兰能源活动区观察到了类似的效果,在强大的中纬度北大西洋气旋到来之前,V. Bugaev 和 Musson 处的船测大气水汽含量参数同样有正向增加,其增加值为 10~15 kg·m^{-2}(Grankov and Milshin,2010)。

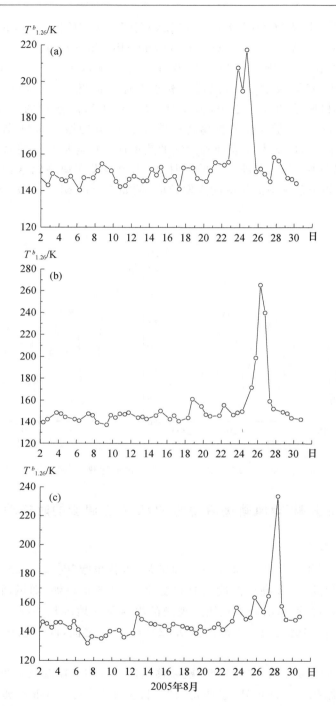

图 9.7 "卡特里娜"飓风从源地向美国南岸移动时 AMSR-E 辐射计 1.26 cm 波长水平极化通道在各点处 SOA 亮温的变化：(a)26°N,78°W；(b)25°N,83°W；(c)27°N,89°W

这种现象可能有助于预测某些海洋地区热带气旋的接近速度和数据，因为热带气旋的出现是规律性的，同时也是可预期的。

本文分析了 2007 年 9 月 2—13 日"温贝托"飓风起始阶段，EOS Aqua 卫星 AMSR-E 辐射计在 0.8～1.6 cm 范围内 SOA 亮温的响应，该波段无线电波存在水汽共振吸收效应。作为举例,图 9.8 给出了 AMSR-E 辐射计在波长 1.26 cm(23.81 GHz)处的观测数据。在"温贝托"飓风初始阶段,42019 站的气温、湿度、气压等地表值均出现明显下降(图 9.2)。这导致大气中无线电波的吸收显著减少,即图 9.8 所示的在毫米和厘米波长范围内 SOA 亮度温度的"缺口"。此时海洋表面发生了 MCW 辐射温度的负跃迁,表明热能从海洋表面输送到了大气。

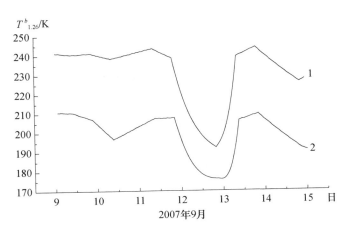

图 9.8　"温贝托"飓风期间 AMSR-E 辐射计 1.26 cm 波长垂直(1)和水平(2)极化通道的 SOA 亮温 T^b

9.2　热带气旋开始时大气气象特征的动力学

9.2.1　利用卫星和浮标观测反演大气温度和湿度的技术

NOAA 庞大的气象站网络,尤其是位于墨西哥湾和太平洋赤道带的气象站,可以测量海洋表面和近地表大气的参数。这些站的气象观测无法提供有关大气中温度和湿度的垂直分布的信息。可以通过使用来自 DMSP F16 和 F17 卫星的多通道 MCW 辐射计 SSMIS(特殊传感器微波成像仪/探测器)的测量数据来解决此问题(Kunkee et al,2006)。除此功能外,该设备还可以确定各种高度的大气温度和湿度。但是,对这些大气特征的定期遥感(每天一次)不足以研究快速过程,这些过程在几个小时内具有明显变化的特征,例如热带气旋的形成。

通过将浮标测量的大气近表层和海洋表面参数数据,与卫星 MCW 测量数据相结合,可以发展利用卫星 MCW 获取近地面层和上层大气的温度和湿度信息的技术。该技术可在不同的视野(通过卫星 MCW 辐射测量)、按逐小时(通过浮标气象测量)获取大气温度 $t_a(h)$ 和湿度 $\rho(h)$ 值(Grankov et al,2012a,2012b)。

寻求 $t_a(h)$ 和 $\rho(h)$ 以指数函数 $t_a(h)=t_a(0)\exp(-\kappa_t h)$ 的依赖性形式发现:$\rho(h)=\rho(0)\exp(-\kappa_\rho h)$ 通过 MCW 辐射计 SSM/I 和 AMSR-E 测量的数据与模拟(模式)数据之间的均方根误差(差异)最小。利用 $t_a(h)$ 和 $\rho(h)$ 的依赖性,无线电波的线性和整体吸收,以及 SOA 自然 MCW 辐射在不同大气层中的亮度温度均采用自然 MCW 辐射的平面平行大气模型计算(Basharinov et al,1974;Armand and Polyakov,2005)。另见本书的第 2 章。

由于 SSM/I 和 AMSR-E 的辐射计均包含多个测量通道,因此它们的测量数据似乎足够用来确定在海洋上反演 $t_a(h)$ 和 $\rho(h)$ 所需的系数 κ_t 和 κ_ρ。当卫星升轨或降轨过程中观测像元位于以 SMKF1 和 42019 为中央位置的 $0.25°\times0.25°$ 范围内的区域时,SSM/I 辐射计和 AMSR-E 辐射计在不同波段不同极化方式对应的通道的观测亮温,用来计算与模拟亮温之间的偏差。各仪器所涉及的波段和极化方式包括:SSM/I 辐射计在 37 GHz(0.81 cm)、19 GH(1.58 cm)波段的垂直极化和水平极化,在 22.235 GHz(1.35 cm)波段的垂直极化;AMSR-E 辐射计在 36.5 GH(0.82 cm)、18.7 GHz(1.6 cm)、23.8 GHz(1.26 cm)波段的垂直极化和水平极化。

这种技术允许计算不同高度上大气温度和湿度的近似值,同时实现对其整体特征,如总水汽含量和大气焓(热含量)的估计。在分析热带气旋活动区的 SOA 动力学时,尽管大气温度和湿度的真实廓线可能明显不呈指数分布,大气的整体特征仍然具有丰富的信息。

9.2.2 不同高度大气温度和湿度动力学分析的一些结果

我们分析了 2005 年 8 月 21—31 日"卡特里娜"飓风导致的不同高度层上大气温度和湿度的变化。图 9.9 显示了在"卡特里娜"飓风到来之前(8 月 21 日)和离开(8 月 28 日)之后 SMKF1 点的气温和湿度随高度的变化。从图中可以看到,在气旋通过 SMKF1 点时,不同高度层上大气温度和湿度变化的鲜明对比:参数 T 在大气边界层顶部的变化最大(约 10 K),参数 e 在 3～6 km 高度的变化达到 2 mb。

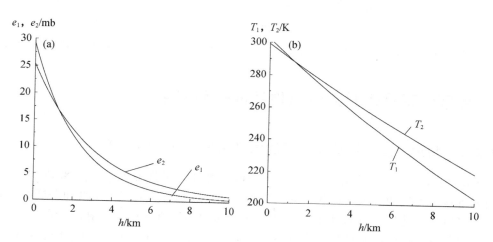

图 9.9 SMKF1 站对流层大气湿度 e(a)和温度 T(b)垂直分布:e_1、T_1(2005 年 8 月 21 日);e_2,T_2(2005 年 8 月 28 日)

图 9.10 显示了 2005 年 8 月 21—31 日不同高度上大气湿度和温度的估计值,以及其近似值。在这里,程序 Origin—Polinomial 用于平滑曲线的近似(图 9.10b、e、f),Sigmodial 用来近似 stick-slip plots(图)(图 9.10a、c、d)。

8 月 25 日中午,当"卡特里娜"飓风经过 SMKF1 点时,观测到近地表层和对流层上边界的空气温度和湿度急剧变化。大气边界层上边界的空气温度 t_{1500} 和湿度 e_{1500} 的变化是单调的(图 9.10b、e)。

9.2.3 大气整层特征动力学分析的一些结果

根据近地表层空气湿度的浮标数据,以及上面大气层中大气湿度的反演值,计算了 10～10000 m 厚度大气总水汽含量。并比较了利用 SSM/I 辐射计资料估算的 SMKF1 站区域的参数 Q,以及用 AMSR-E 辐射计资料估算的 42019 站区域的参数 Q。此外,还估算了"卡特里娜"和"温贝托"两个飓风活动区域不同大气高度层中熵的值。

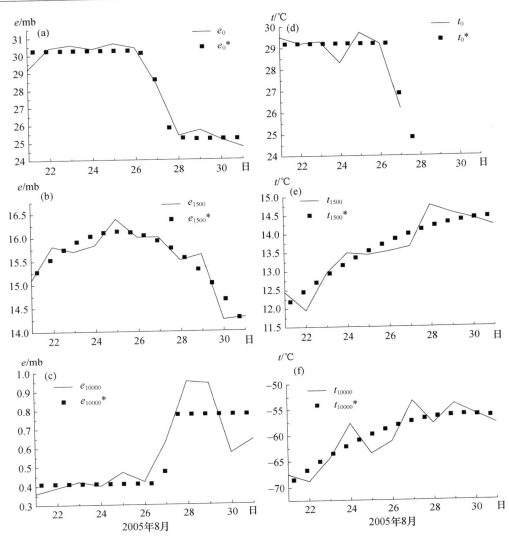

图 9.10 8 月 21—31 日 10m 近地层(a,d)、1500m 边界层(b,e)、及 10000m(c,f)大气温度和
湿度变化)。实线是采用算法计算的结果;虚线表示近似结果

1.SMKF1 站附近大气总水汽含量动力学

图 9.11 比较了 2005 年 8 月 1—30 日 SMKF1 站区域总水汽 Q 变化的估计值。这些结果分别是通过对不同高度的空气湿度进行逐层累加计算得出,以及基于 SSM/I 辐射计观测数据并基于 Alishouse 等(1990)的技术估算得到的。8 月 25 日中午近地表热通量达到最大值时,可观测到 Q 参数的明显变化,此时正是"卡特里娜"飓风通过 SMKF1 站的时间。

参数 Q 的计算值和卫星估计值之间有明显的差异,可以解释为 SOA 亮度温度的模拟未考虑由云和降水量所引起的增加,这一点为卫星辐射计 SSM/I 所记录。但是,两个估计值的相对变化显示了良好一致性。这对于验证大气温度和湿度反演技术至关重要,特别是对于热带飓风期间不同高度层上大气变化至关重要。

2.42019 浮标站区域大气水汽总含量动力学

对 9 月 6—15 日 42019 测站区域大气水汽总含量进行了估计,这期间包括了"卡特里娜"

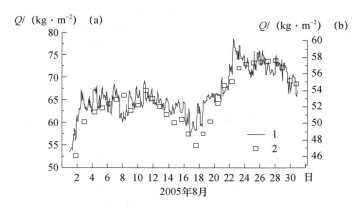

图 9.11　SMKF1 站区大气整体水汽含量 Q 的估算比较：(a)0～10000 m
高度层计算数据；(b)SSM/I 辐射计测量数据

飓风的形成阶段。我们将卫星对参数 Q 的估计值与来自辐射计的 AMSR-E 的测量数据进行了比较（图 9.12）。可以看出，"卡特里娜"飓风的形成伴随着 Q 值的增加（9 月 12 日中午）。Q 达到最大值（9 月 12 日中午）的同时，感热、潜热和动量通量也达到最大值（图 9.2 和图 9.5），此时近地面层空气温度、湿度和气压达到最低值（图 9.2）。Q 的峰值出现时间（9 月 12 日）早于大气中水汽含量增加的时间（9 月 7—9 日）。

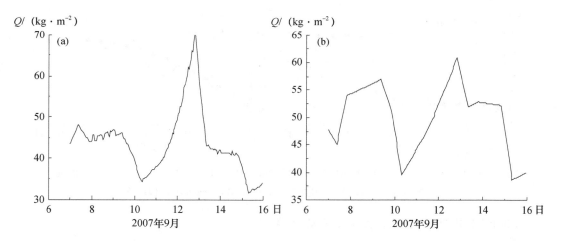

图 9.12　42019 站区大气总水汽含量 Q 估计值：(a)0～10000 m 高度层计算数据；(b)AMSR-E 辐射计测量数据

图 9.13 给出了"温贝托"飓风在 9 月 13—20 日离开后，对 42019 站区域附近参数 Q 的估计值和卫星测量值进行比较结果。在此期间，大气水汽总含量与近地面层感热潜热通量相一致，以振荡方式逐渐减少。

3. SMKF1 和 42019 站区域大气熵动力学

在"卡特里娜"和"温贝托"飓风活动期间，对 SMKF1 和 42019 站区域的不同高度上大气（熵）热含量的变化进行了估算。这些估算是利用 SMKF1 和 42019 站的气象测量数据，以及 F15 SSM/I 和 EOS Aqua 卫星 AMSR-E 辐射计同时测量的参数 t_a 和 ρ 垂直分布的指数模型，对不同高度计算的空气温度和湿度值进行层层累积得出的。

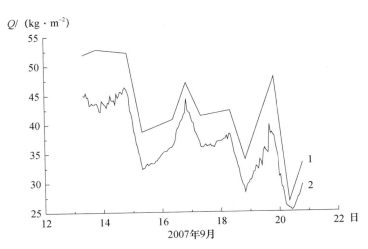

图 9.13　42019 台站区域"温贝托"飓风离开后大气总水汽含量 Q 的估计比较：卫星测量估计(1)，计算估计(2)

图 9.14 显示了对 10～10000 m 的大气层熵 J 的计算结果。图中显示，在"卡特里娜"飓风通过 SMKF1 站期间，以及"温贝托"飓风在 42019 站区域生成期间，可以看到 J_{10000} 值的急剧下降。这种减少是共振型的，伴随着在海洋—大气界面垂向湍流热通量和水汽通量的强劲增加（图 9.4 和 9.5）。

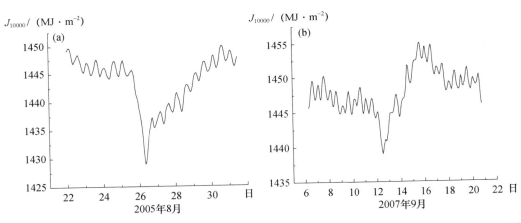

图 9.14　"卡特里娜"飓风通过 SMKF1 站期间(a)和"温贝托"飓风形成期间 42019 站(b)大气熵 J_{10000} 的变化

因此，热带气旋导致这些地区大气中的熵减少。这一点 Grankov 和 Milshin（2010）在 ATLANTEX-90 实验中也观测到北大西洋纽芬兰能量活跃区中纬度气旋活动期间有相同的现象。

9.3　结论

本章分析了热带气旋"卡特里娜"（2005 年 8 月）和墨西哥湾温贝托（2007 年 9 月）活动期间大气中不同特征的动力学。本研究基于将浮标符合气象测量的数据与来自 DMSP SSM/I 辐射计（NOAA 站 SMKF1 区域）和 EOS Aqua AMSR-E 辐射计（在统计离子 42019 区域）同时测量的数据进行耦合。

　　发展了不同视野的空气温度和湿度分析技术，使我们能够确定大气的整体特征，如其总水汽含量和通过 SMKF1 站的"卡特里娜"飓风期间的大气成分，以及 42019 站区域的"温贝托"飓风的形成。结果表明，在这两种情况下，飓风从大气和海洋表面带走热能的效应都产生了。这种效应导致近地表大气中温度、湿度和压力的强烈扰动，并伴有大气焓的急剧减少和海洋表面垂直湍流热通量和水汽通量的显著增加。

　　可以注意到，在"卡特里娜"飓风形成过程中，SOA 参数动力学分析结果的显著特征：

　　（1）合理和潜在的热流以及大气总水汽的行为的振荡性质离开后，由旋风的形成位置，即在 SOA 放松阶段。

　　（2）在"温贝托"飓风出现前 4～5 d，大气中总水汽的行为出现异常。这为进一步研究热带气旋迹象时这些异常现象会变成什么样子的问题留下了可能。

　　进一步研究与分析数据，其他热带气旋在不同年月和季节在不同海洋地区形成的过程时，考虑到大气水平环流的影响，需要作出这一猜测。

　　研究结果表明，在海洋和大气风暴形成阶段，利用现代卫星 MCW 辐射计量学手段，可以轻松研究大气中水汽的作用：这是研究热带气旋生成问题的一个重要和必要的条件。（Grankov et al，2012a，b；Sharkov et al，2012；Ermakov et al，2014）。

卫星和空间站测量周期的关系

　　卫星 MCW 辐射测量的频率（周期性）在浮标气象测量频率上解冻较少。因此，出现了以下问题：这是描述在热带气旋影响下产生的 SOA 中的高速过程的科学吗？为了回答这个问题，我们分析了 F-15 SSM/I 辐射计在 SMKF1 站区域和 EOS Aqua 卫星 AMSR-E 辐射计在 42019 站区域的测量值在"卡特里娜"和"温贝托"飓风的各个活动阶段的正向度。

　　图 9.15 显示了 F-15 卫星升降轨道上波长 1.35 cm（垂直极化）SSM/I 辐射计测量的所有亮度温度样本（a）2009 年 11 月—2010 年 12 月，当指出海洋站上方时，在相同极化（b）下波长为 1.26 cm 的 EOS AQUA AMSR-E 辐射计。其他光谱和极化样品的数量和时间位置辐射度通道与图中给出的通道完全一致。图 9.15a 显示 2010 年 8 月 SSM/I 辐射计的样本数量为 37 个。当时，浮标测量次数为 744 次。在总持续时间为 80～90 h 的 4 个区域，卫星测量出现了明显的差距。

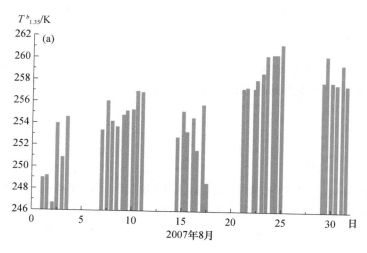

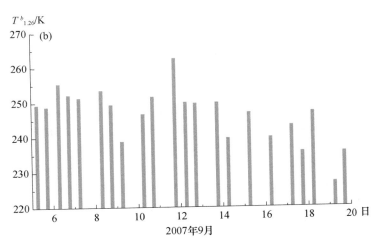

图 9.15　2005 年 8 月 DMSPF-15 卫星对 SMKF1 站区域(a)和
2007 年 9 月 EOS Aqua 卫星对 42019 站区域(b)观测结果

　　EOS Aqua 卫星上的定期测量更有利于对 42019 站区域的遥感和直接数据进行联合分析:2007 年 9 月 5—19 日期间,卫星样本数量为 22 个,浮标测量次数为 360 个(图 9.15b)。在这种情况下,测量集之间没有明显的差距;卫星样本之间的时间间隔不超过 22 h,这促使利用卫星衍生亮温对"卡特里娜"飓风开始发展时 SOA 中发生的过程进行连续(准连续)观测变得可行。

参考文献

Alishouse J C,Snyder S A,Vongsatorn J,et al,1990. Determination of oceanic total precipitate water from the SSM/I. J Geophys Res 5:811-816.

Armand N A,Polyakov V M,2005. Radio propagation and remote sensing of the environment. CRC Press LLC: Roca Raton.

Basharinov A E,Gurvich A S,Egorov S T,1974. Radio emission of the planet Earth. Nauka,Moscow In Russian.

Golitsyn G S,2008. Polar lows and tropical hurricanes:Their energy and sizes and a quantitative criterion for their generation. Izvestija,Atmosp Oceanic Phys 5:579-590,Russian.

Ermakov D M,Sharkov E A,Chernushich A P,2014. The role of tropospheric advection of latent heat in the intensification of tropical cyclones. Remote Sensing Earth from Space 4:3-15,Russian.

Grankov A G,Milshin A A,2010. Microwave radiation of the ocean-atmosphere:Boundary heat and dynamic interaction. Springer Dordrecht Heidelberg London New Jork.

Grankov A G,Milshin A A,Novichichin E P,2012a. Analysis of behavior of the atmospheric characteristics in areas of activity of tropical cyclones Humberto and Katrina with the data of satellite microwave radiometric and direct measurements. Int J Rem Sens Applications,IJRSA Vol2 Iss. 2 pp. 1-9 www. ijrsa. org © World Academic Publishing.

Grankov A G,Marechek S V,Milshin A A,et al,2012b. Elaboration of technologies for diagnosis of tropical hurricanes beginning in oceans with remote sensing methods,Chapter in collective monograph "Hurricane

Researches",InTech Publ. House.

Hollinger P H,Peirce J L,Poe G A,1990. SSM instrument evaluation. IEEE Trans Geosci Rem Sensing 28:
781-790.

Kawanishi T,Sezai T,Imaoka K,et al,2003. The Advanced Microwave Scanning Radiometer for the Earth Ob-
serving System(AMSR-E),NASDA's Contribution to the EOS for global energy and water cycle studies.
IEEE Trans Geosci Rem Sensing 48:173-183.

Kharkevich A A,2007. Bases of the radioengineering(3th edition). Moscow,Fizmatlit in Russian.

Lappo S S,Gulev S K,Rozhdestvenskii A E,1990. Large-scale heat interaction in the ocean-atmosphere system
and energy-active zones in the world ocean. Gidrometeoizdat,Leningrad in Russian.

Sharkov E A,Shramkov J N,Pokrovskaya I V,2012. The integral water vapor in tropical zone as the necessary
condition for atmospheric catastrophic genesis. Remote Sens. Earth from Space:73-82,Russian.

Snopkov V G,1977. On correlation between the atmosphere water vapor and the near surface humidity seasonal
variations of the water vapor content over the Atlantic. Meteorology and Hidrology 12:38-42 in Russian.

Xrgian A X,1978. Physics of the atmosphere,vol. 1. Leningrad,Gidrometeoi.

第 10 章　佛罗里达海峡和黑海戈卢巴亚湾风暴前形势的对比分析

10.1　研究目的

在本章中利用直接测量和遥感测量两类观测资料,研究暴雨出现之前水域上大气热量和微波辐射的一些具体特征。本研究的结果已由 Grankov 等(2014a,b)发表。

研究了 2005 年 8 月"卡特里娜"强热带气旋(TC)期间佛罗里达海峡 SMKF1 浮标站区域的海洋—大气系统响应(根据 NOAA 分类方法,热带气旋在到达美国海岸之前被认为是海洋风暴)分析了 2005 年 8 月 19—24 日"卡特里娜"飓风到来前的 SOA 特征的天气变化:

(1)由 SMKF1 站直接气象测量的 10 m 高度近地面空气温度和湿度。

(2)由 MCW 辐射数据处理所得的大气总水汽含量及其焓值。

(3)水气界面感热和潜热的垂直湍流通量。

(4)EOS Aqua 卫星 AMSR-E 辐射仪测量的 1.26 cm 波段(频率 23.8 GHz)水汽辐射(吸收) SOA 亮温强度。

隶属于 NOAA 的美国国家数据浮标中心(NDBC)为这项研究提供了地面观测数据。同时美国气象观测卫星 Aqua 卫星上 AMSR-E 多通道扫描辐射计的观测数据作为遥感数据来源。在另一部分关于黑海沿岸地区(格伦季克,俄罗斯科学院谢舍夫海洋研究所南方分院的领土)的研究中,对大气参数的气象和微波辐射研究开展于强风暴前一段时间。2010 年 9—10 月,利用安装在码头末端的气象传感器,以及方位扫描、上行传输微波辐射计,测量了大气在 1.35 cm 波长处的 MCW 自然辐射强度。MCW 辐射测量的目的是研究不同天气条件(包括风暴前条件)下大气参数的变化,并利用该技术估算大气水汽的垂直分布。

同时,俄罗斯科学院空间研究所、俄罗斯科学院大气物理研究所、俄罗斯科学院谢舍夫海洋研究所南方分所等单位的研究人员,使用光学、红外、毫米和厘米波段范围的仪器研究了水面参数和水面大气特征。

首先获取了风暴到达之前 9 月 21—31 日黑海实验数据中的地面温度、湿度和大气亮温测量数据。随后在这些数据基础上,又增加了 EOS Aqua 卫星 AMSR-E 辐射计在戈卢巴亚湾附近水域 1.26 cm(23.8 GHz)处的观测结果。不可能使用卫星数据来计算这个海湾的水域面积,因为它的大小仅为 AMSR-E 辐射计上这个通道空间分辨率的几分之一。

利用上面所列出的仪器,我们研究了"卡特里娜"飓风向 SMKF1 区域靠近和 Golubaya 湾海域风暴到来前地表空气温度和湿度、地表感热和潜热通量、大气总湿度和焓以及大气海洋系统 MCW 辐射特征。

10.2 在"卡特里娜"飓风到来前 SMKF1 站附近近地面和高层大气的动力学

1. 表层空气温度和湿度和大气含水量

以佛罗里达海峡(24.38°N,81.07°W)的 NDBC 站 SMLF1(Sombrero 点)为参考点,分析了"卡特里娜"飓风对大气参数的影响。在 2005 年 8 月 26 日中午 12 时,"卡特里娜"飓风的轨迹与气象站之间的距离最短,约为 120 km。此时,"卡特里娜"飓风从发源地巴哈马地区行进了约 800 km。在"卡特里娜"飓风登陆 SMKF1 地区之前,使用 SMKF1 传感器获得了 144 个逐小时表层空气温度和湿度样本。

在这一阶段观测到了大气中水汽积累潜热的影响,这在大气的热力学参数——近地表空气温度和湿度以及在 1.35 cm(22.235 GHz)无线电波共振吸收线附近的 SOA 亮度温度的稳定增加中变得明显。

图 10.1 显示了由 SMKF1 传感器记录的 2005 年 8 月 19—24 日的地表气温变化。该参数的交变峰值(最大值和最小值)显示了其日变化。可以看出,"卡特里娜"飓风接近 SMKF1 时,地表空气温度有所升高:8 月 19—23 日,参数 t_a 平均(近似)值达到 0.5 ℃,其日变化幅度为 1 ℃(即一半)。

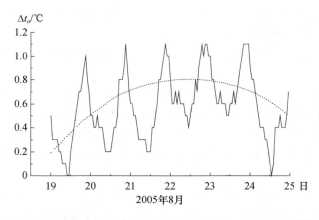

图 10.1 "卡特里娜"飓风到达佛罗里达海峡 SMKF1 地区前表层气温 t_a 的变化。虚线表示多项式近似拟合结果

图 10.2 显示了在"卡特里娜"飓风到来前一周(8 月 18—27 日)SMKF1 附近的空气参数的变化。表面空气的绝对湿度的变化估计从大规模的结果之间的相关实验研究水蒸气压力和空气和水的温度的差异(Snopkov,1980)在世界各地的海洋图 10.2 所示在 NOAA(空气湿度不是直接测量浮标站)。图 10.2b,c 显示了大气总湿度 Q 的变化,这是根据 EOS Aqua 卫星 AMSR-E 辐射计数据采用一种众所周知的技术估算的(Alishouse et al,1990)。在波长 1.26 cm 的大气水汽吸收区测量了亮度温度 T^b。

从图 10.2a 可以看到,在"卡特里娜"飓风到达 SMKF1 站之前,该地区近地表空气湿度稳步增加了 3 g·m^{-3},大气的总含水量增加了 11 kg·m^{-2},同时 1.26 cm 波长处 SOA 亮度温度增加了 13 K。对比图 10.2b,c 表明,SOA 亮度温度与表层湿度和大气水汽总含量之间有密切的相关性。微波 SOA 自然大气辐射相对于总水汽含量变化的敏感性 $\Delta T^b_{1.26}/\Delta Q$ 非常接近于理论值,即 1.1~1.2 K·kg^{-1}·m^{-2}(水汽吸收谱线核心 1.35 cm 处)。

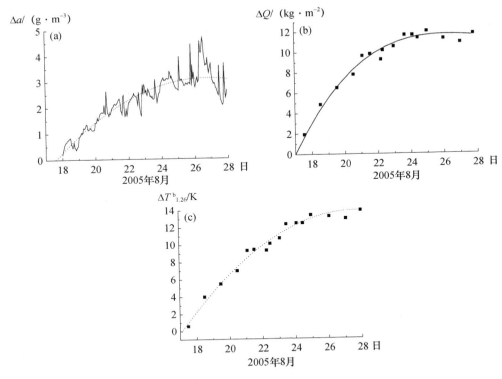

图 10.2　在"卡特里娜"飓风接近 SMKF1 时,(a)表面大气的绝对湿度,
(b)大气总含水量 Q,(c)SOA 亮温 T^b 的变化。虚线表示 2 次多项式拟合结果

2. 海面近表层感热和潜热通量

利用浮标站测量海洋表面要素资料和表面空气温度资料,基于体积公式,估计了海气界面处的大气湿度、压力和风速,以及感热和潜热垂向湍流通量。空气湿度,在近地表的空气压力、大气湿度、压力和风速,以及 SMKF1 区水—气界面处感热和潜热的垂向湍流通量(参见第 1 章)。

图 10.3 为计算的感热通量 q_h 和潜热通量 q_e(3 h 平滑)。由于"卡特里娜"飓风的过境,SMKF1 地区感热通量的平均值降低了 20 W·m^{-2}(30~10 W·m^{-2}),潜热通量的平均值降低了 150 W·m^{-2}(350~200 W·m^{-2})。这是过境气旋对海洋表面和表层空气层之间热对比进行平滑的证据。在气旋通过 SMKF1 附近的时候(8 月 26 日中午),q_h 和 q_e,分别达到极大值 80 W·m^{-2} 和 500 W·m^{-2}。

值得注意的是,SMKF1 附近的总热通量(感热和潜热)的最大值(600 W·m^{-2})与 GS Golitsyn 对热带纬度带的估算值很接近。根据 NEWFOUEX-88 和 atlex-90 的实验数据,北大西洋纽芬兰能量活动区常受强中纬度气旋的影响,其总热通量也可与之相比,在 1988 年 3 月和 1990 年 4 月达到 800 W·m^{-2}。

3. 大气的焓

利用浮标气象观测资料,计算了 2005 年 8 月 21—31 日近地面空气层的焓(热含量)。在此期间,"卡特里娜"飓风接近 SMKF1 区域时,地表空气层的水汽焓逐渐累积,其比值增加了 14.7 kJ·m^{-2}。

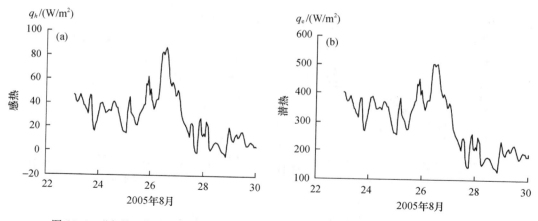

图 10.3　"卡特里娜"飓风过境期间 SMKF1 地区海表感热(a)和潜热通量变化图(b)

　　假定温度垂直变化梯度为 $-6.5 ℃ \cdot km^{-1}$,计算了 0~10000 m 大气厚度层的热容量增量;同时在"卡特里娜"飓风的到来之前 8 月 21—31 日,对流层水汽总含量增加了 5500 kJ $\cdot$ m^{-2}。

10.3　海洋风暴来临前戈卢巴亚湾近地面和高层大气动力学特征

　　在 2010 年 9 月风暴前,利用 Shirshov 海洋研究所南方分所的实验设施,对格伦济克附近的戈卢巴亚湾的气象参数和大气微波辐射特征进行了同步测量。测量工具安装在一个桥墩的尾部(图 10.4),包括:

　　(1)安装在码头的气象装置。

　　(2)安装在扫描平台上的红外、毫米、厘米和分米波长范围的装置。

　　(3)水特性分析装置。

图 10.4　测量组合平台(左)和扫描平台(右)(见彩图)

　　码头长约 200 m,水深为 7 m。用来安装设备(包括一个工作在 1.35 cm 波长的 MCW 辐射计)的扫描平台是测量设施的重要组成部分。所安装的辐射计是由无线电工程公司"VE-GA"(莫斯科)设计和建造的。平台被固定在一个 5 m 长的金属桁架上。对每 30°固定一个仰角,从天顶到最低点进行连续扫描,可观测上半球辐射的变化。

　　图 10.5 显示了戈卢巴亚湾发生风暴之前的 9 月 23—30 日,在垂直扫描下测量到的波长为 1.35 cm 大气亮度温度。

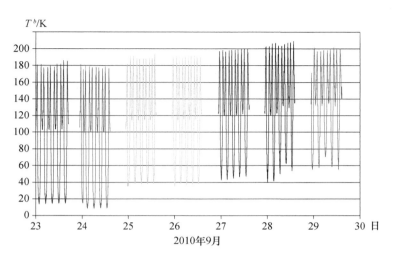

图 10.5　显示了 Golubaya 湾发生风暴之前的 9 月 23—30 日,波长为 1.35 cm 垂直扫描仪器测量到的大气亮度温度(风暴中心于 2010 年 10 月 1 日经过测量组合平台)。从图 10.5 可以看出在此期间观察到亮温增加的最大值和最小值,分别记录在旋转平台 0° 和 90° 的位置(见彩图)

图 10.5 在戈卢巴亚湾风暴前的几天里,以 1.26 cm 的波长对大气半球进行方位扫描所得亮度温度 T^b。

图 10.6 显示了 1.35 cm 处的大气亮温与随天顶角变化的函数,与大气总含水量的密切相关清楚地表明了风暴前期间大气中水汽积累的影响。图 10.5 和 10.6 所示的结果与关于大气亮温对角度依赖的经典观点相一致。

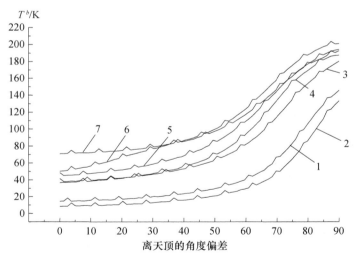

图 10.6　9 月戈卢巴亚湾风暴前期间波长为 1.35 cm 的大气亮温的天顶角依赖关系。曲线 1~7 对应 1990 年 9 月 23—30 日

1. 表面空气的热特性

来自码头的气象观测资料显示,在风暴到达戈卢巴亚湾地区的前几天,表层空气温度和湿度有所增加。根据计算,表层空气层水汽中积累的热含量增加约 61 kJ·m^{-2}。与 2005 年 8 月佛罗

里达海峡风暴前的 14.7 kJ·m^{-2} 相比，表层水汽热含量之所以有如此大的增加，是由于在风暴前戈卢巴亚湾地区表面气温和湿度的变化明显高于卡特里娜登陆前的 SMKF1 地区。

基于水、空气温度和地面风速的直接测量数据，利用体积公式计算了感热、潜热和总热量的垂直通量。结果如图 10.7 所示。在风暴靠近时，感热通量从 40 W·m^{-2} 减少到 −100 W·m^{-2}，潜热通量从 225 W·m^{-2} 减少到 10 W·m^{-2}。因此，表层水将热量释放给水面空气，而热量交换的特征在风暴到来前一天左右向戈卢巴亚湾逆转。

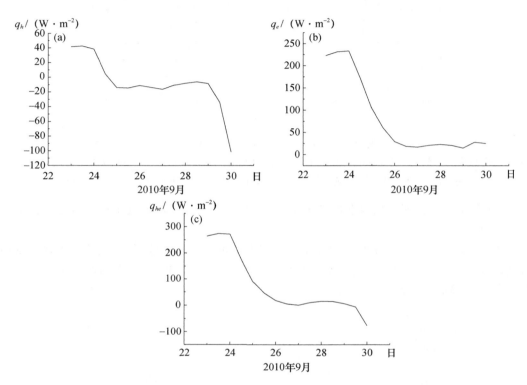

图 10.7　风暴形成前期戈卢巴亚湾感热通量(a)、潜热通量(b)和总热通量(c)的变化

图 10.3 和图 10.6 之间的比较表明，在风暴形成前期间戈卢巴亚湾的感热通量是热带气旋"卡特里娜"接近佛罗里达海峡期间的 SMKF1 地区的 2 倍之高，而潜热通量的差异略低。

2. 戈卢巴亚湾附近的联合观测结果

将戈卢巴亚湾海域附近码头上气象传感器测量的表面空气温度和湿度动态与 EOS Aqua 卫星 AMSR-E 辐射仪上波长为 1.26 cm(23.8 GHz)通道的同步测量结果进行了比较。对戈卢巴亚湾 SOA 亮度温度的卫星数据进行比较是不正确的，因为戈卢巴亚湾比 AMSR-E 辐射仪 1.26 cm 波长通道空间分辨率小几倍。所选区域的大小对等同于卫星观测的一个"星下点"，其线性大小约为 60 km，波长为 1.26 cm，区域中心的坐标为(38°E，44°N)。

图 10.8 显示了表层空气温度和湿度，AMSR-E 辐射计波长 1.26 cm 通道测量到的 SOA 亮温，以及码头上扫描 MCW 辐射计在波长 1.35 cm 处测量到的亮温的对比结果。对于码头上扫描辐射计所有扫描中，只保留了最低点对应的测量值样本。从图 10.8 中可以看出，与卫星 MCW 辐射测量方法(向上或向下辐射通量)无关，码头处表层空气温度和湿度的响应以及大气中水蒸气吸收共振区 SOA 亮度温度具有相似特征。

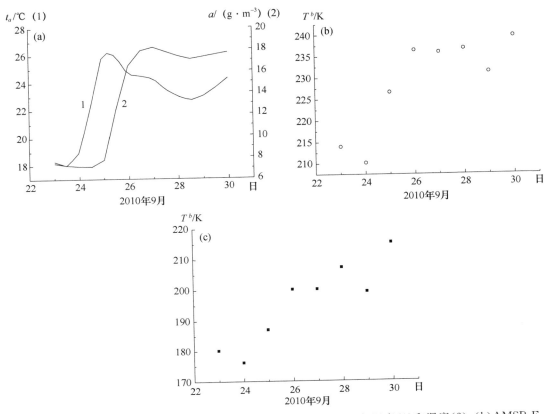

图 10.8 戈卢巴亚湾风暴前大气热、辐射热特征变化:(a)表面空气温度(1)和湿度(2);(b)AMSR-E 辐射计测量波长 1.26 cm 通道 SOA 亮温;(c)在码头上用 MCW 辐射计在 1.35 cm 处测量的 SOA 亮温

10.4 小结

本章中给出了在热带气旋卡特里娜登陆佛罗里达海峡的 SMKF1 站之前(2005 年 8 月底),以及黑海戈卢巴亚湾风暴生成之前(2010 年 9 月底),对表层空气温度、湿度、感热和潜热的表面通量、大气的总含水量和焓以及 MCW 辐射特征的比较分析结果。可得出以下结论:

(1)在这些 SOA 特征的行为中观察到了类似的特征,包括稳定增加的表层空气温度和湿度、总含水量、大气焓、SOA 的亮度温度,以及水面和大气之间热量和水汽交换强度的降低。

(2)在黑海实验中,卫星和地面设备对大气水汽中水汽吸收带的 MCW 辐射测量结果吻合较好,可作为风暴形成前掌握大气总水汽含量变化的有效手段。

研究结果证实了海洋风暴前阶段大气中总水蒸气含量的作用(用最新的卫星 MCW 辐射测量仪器很容易监测)。最新研究(Sharkov et al,2012)表明,对该参数进行监测是研究热带气旋成因问题的重要和必要条件。

参考文献

Alishouse J C,Snyder S A,Vongsatorn J,et al,1990. Determination of oceanic total precipitate water from the SSM/I. J Geophys Res 5:811-816.

Grankov A G，Marechek S V，Milhin A A，et al，2014a. Analysis of prestorm situations in the Florida Straight and Golubaya bay in the Black Sea. Izvestiya，Atmospheric and Oceanic Physics 1：85-91.

Grankov A G，Milshin A A，Novichikhin E A，2014b. Behavior of the brightness temperature of the ocean-atmosphere system under conditions of midlatitude and tropical cyclone activity. Radiophysics and Quantyum Electronics 10：639-650.

Sharkov E A，Shramkov J N，Pokrovskaya I V，2012. The integral water vapor in tropical zone as the necessary condition for atmospheric catastrophic genesis. Remote Sens Earth from Space 2：73-82，Russian.

Snopkov V G，1980. Computation of air humidity over the sea from the water-air temperature difference Meteorologija i Gidrologiya 2：109-111，Russian.

第 11 章　分析海洋—大气相互作用的现代卫星 MCW 辐射测量方法

11.1　历史和一般信息

在研究全球海洋及其气候形成因素时,使用了光学、红外和 MCW 电磁范围的仪器。根据全球气候观测系统(Kondrat év et al,1992)对卫星遥感特征的要求,例如空间和时间分辨率、调查覆盖范围及其持续时间等,极轨平台最适合精确地测定地球物理参数。表 11.1 列出了一些目前和未来的极轨平台及其轨道参数,低纬度卫星 TRRM 是这个系列中的例外。

表 11.1　极轨平台类型、发射日期、轨道参数

卫星	发射日期	倾角/°	高度/km	周期/min	局地升交点时间
TRMM	1997 年 11 月	35	400	92.5	—
DMSP F-15	1998 年 12 月	98.8	850	102.0	15:02,03:02
Coriolis	2003 年 1 月	98.7	840	101.0	18:03,06:03
DMSP F-16	2003 年 10 月	99	857	102.0	16:55,04:55
DMSP F-17	2006 年 11 月	99	857	102.0	17:58,05:58
Meteor-M,No.1	2009 年 9 月	98.77	832	101.3	21:00,09:00
DMSP F-18	2009 年 10 月	99	850	102.0	20:06,08:06
GCOM-W1	2012 年 5 月	98.2	700	99	13:31,01:31
Meteor-M,No.2	2014 年 7 月	98.77	832	101.3	21:00,09:00
DMSP F-19	2014 年 7 月	99	857	102.0	17:30,05:30
Meteor-M,No.2-1	2015	98.77	832	101.3	—
Meteor-M,No.2-2	2016	98.77	832	101.3	—
DMSP F-20	2020	99	857	102.0	—

在 1978 年雨云-7 多通道扫描辐射计 SMMR 发射后,利用 MCW 辐射方法进行气候研究的想法成为现实,该辐射计运行了约 9 a。基于它的测量,美国宇航局戈达太空飞行中心(GSFC)建立了天线温度资料集(SMMR 一级 1A 数据集)。随后在地球观测系统(EOS)探路者计划期间,喷气推进实验室(JPL)对这些资料进行校准和处理后形成亮度温度形式(SMMR L1b 数据集),并将其存档在 NASA 马歇尔太空飞行中心的分布式资料中心,数据量共计约 70

GB(Njoku et al,1995)。

1987 年以来,美国国防部 DMSP 业务气象卫星上搭载的 SSM/I、SSM/T、SSM/T-2 辐射仪顺利运行;其原始测量数据及处理结果存储在美国若干科学中心。因此,在美国国家航空航天局(NASA)、美国国家海洋和大气管理局(NOAA)和美国国防部(U. S. Department of Defense)专家的努力下,利用 MCW 辐射测量数据进行 35 a 的海洋气候研究具有独特的可能性。

在之前的书中(Grankov and Milshin,2004),简要描述了以下 MCW 辐射系统:Nimbus 7 辐射计 SMMR;DMSP 辐射计 SSM/I、SSM/T1、SSM/T2;TMI 辐射计 TMRR;Meteor-3M 辐射计 MTVZA;EOS Aqua 辐射套装包括 AMSR-E、AMSU-A、HSB、AIRS、MODIS 和 CERES 设备,ADEOS-Ⅱ辐射套装包括 AMSR-E、GLI、AMSR-J 和 SeaWinds 测量仪器;Sich-1M 辐射计 MTVZA-OK;NPOESS 辐射计套装 SMIS、CrIS、GPSOS、OMPS、SESS、VIIRS、ATMS;Proteus L 波段辐射仪 MIRAS。此外,该书的英文版(Grankov 和 Milshin 2010)描述了卫星 MKA-FKI No.1 的 L 波段辐射计。在本章中,将介绍目前在空间中运行的各种 MCW 辐射计(扫描仪和探测仪)的特性。

11.2 近期 MCW 辐射计套装回顾

11.2.1 DMSP 微波辐射计套装

现代卫星 MCW 无源辐射计是在国防气象卫星计划(DMSP)系列卫星中得到发展和应用的。该计划旨在成为一个长期监测方案,以获取气象、海洋学和海洋上空的太阳活动信息(Hollinger et al,1990;国防气象卫星计划(DMSP),1997)。

DMSP 卫星的倾角为 98.8°,高度为 850 km,周期为 102 min(每 24 h14.2 圈),3 d 可完成全球覆盖,部分区域每 24 h 可覆盖一次;卫星轨迹每 16 d 重复一次。DMSP 卫星的主要轨道参数见表 11.1。目前,DMSP 系列的 6 颗卫星正在运行:F-12、F-13、F-14、F-15、F-16 和 F-17。该系列的第一颗卫星是 F-08 卫星,它的测量(观测地点和日期)与 newfouex-88 和 atlex-90 实验期间进行的船艇测量相吻合。以下几节将详细讨论 DMSP 和其他卫星的 MCW 辐射测量系统的特点。

11.2.2 SSMIS——特殊传感微波成像仪/探测器

目前,DMSP F-16 和 F-17 卫星上使用了新一代的 MCW 辐射计,其设计目标为监测海洋—大气系统,并结合了成像仪和探测器的功能(SSMIS 用户手册,2007)。该设备的通道参数如表 11.2 所示。

表 11.2 SSMIS 扫描仪/探测仪的特性

中心频率/GHz)	19.35, 22.235, 37, 50.3—59.4, 60.79—63.28, 91.655, 150, 183.31
空间分辨率/km	13.2×15.5—44.8×73.6
幅宽/km	1700
扫描方式	圆锥扫描
扫描周期/s	1.88

续表

探测角/°	45
入射角/°	53.1
运行模式	不间断
输出数据量/(KB·s^{-1})	14.2
质量/kg	96
电源/W	135

SSMIS 通过一个旋转的 61 cm 直径抛物面反射器收集地球表面和大气中的 MCW 能量（图 11.1）。该反射器将能量集中在一个由 6 个馈角组成的组件上,每个馈角提供 24 个频率的多通道复用。反射器和 6 个馈角随着整个传感器筒旋转。位于筒的顶部是一个冷校准反射器和一个不随筒旋转的热校准源。对于传感器的每一转,馈角均会扫视一个固定的冷校准反射器和一个固定的热校准源。这些校准数据用于将传感器输出转换为绝对辐射亮度温度。在标称轨道高度为 833 km 时,SSMIS 将在地面上产生宽度为 1707 km 的扫描带,同时视场间距为 12.5 km。所实现的条带宽度统一适用于 SSMIS 所有通道。1.9 s 的扫描间隔周期使得沿轨迹采样间隔(12.5 km)与沿传感器扫描间隔相等。

图 11.1　SSMISMCW 扫描/探测仪(见彩图)

11.2.3　TRMM 辐射计套装

在美日联合计划框架下发展的卫星热带降雨测量任务(TRMM)旨在捕获取获定期的关于热带降雨的天气信息,这些信息是天气和气候形成因素之一(Kondratév et al,1992;Remote Sensing,1998;TRMM 建议书 2007)。该颗卫星发射于 1997 年,其主要参数见表 11.1。

该任务的核心目标是获取不少于 3 a 期限的月平均降水估计和大气潜热垂直廓线的信息。遥感设备被放置在卫星平台上，包括一个 MCW 辐射计 TMI(TRMM 微波成像仪)，一个电子扫描频率为 13.8 GHz 气象雷达(降水雷达)，包含可见光和红外波段的 5 通道扫描辐射计(类似于 NOAA AVHRR-3 辐射计)，一个用于探测云亮度的闪电成像仪(LIS)，以及一个用于辐射平衡特性的 CERES(云与地球辐射能量系统)传感器。TMI 是 5 通道扫描式 MCW 辐射计，工作频率为 10~91 GHz，空间分辨率为 5~23 km，扫描条带宽度为 520 km(表 11.3)。

表 11.3　TMI 辐射计参数(TRMM 建议书 2007)

频率/GHz	10.7	19.4	21.3	37	85.5
极化/V/H	V，H	V，H	V	V，H	V，H
灵敏度/K	0.63	0.50	0.71	0.36	0.52
通带宽度/MGz	100	500	200	2000	3000
波束宽度/°	3.68	1.90	1.70	1.0	0.42
空间分辨率/km	63×37	30×18	23×18	16×9	7×5
天线效率/%	93	96	98	91	82
幅宽/km	760				
探测角/°	45				
入射角/°	52.9				
扫描方式	圆锥扫描				
扫描周期/s	1.9				
运行模式	不间断				

11.2.4　Coriolis 辐射计套装

2003 年 1 月发射的一颗美国卫星的仪器，其观测可以用来确定风速和风向。卫星及载荷参数见表 11.1。

Coriolis 卫星配备了两个设备，WindSat 和 SMEI。WindSat MCW 辐射计用于探测全球海洋风速和风向。太阳物质抛射成像仪(SMEI)传感器观察来自太阳日冕抛射的带电粒子。WindSat 是世界上第一个在空间中工作的极化扫描辐射计(用户手册，2006)。辐射计在 5 个频率有 22 个通道(表 11.4)。

表 11.4　WindSat 辐射计套装参数(用户手册 2006)

频率/GHz	6.8	10.7	18.7	23.8	37.0
极化/V/H	V，H	V，H	V，H	V，H	V，H
灵敏度/K	0.63	0.44	0.44	0.60	0.42
通带宽度/MGz	125	300	750	500	2,000
波束宽度/°	1.78	1.13	0.65	0.54	0.33
空间分辨率/km	39×71	25×38	16×27	20×30	8×13

续表

入射角/°	53.8	50.1	55.6	53.2	53.2
天线效率/%	96.8	97.7~98.8	97.3~98.3	96.2	96.9~98.8
探测角/°	45				
幅宽/km	1400				
扫描方法	圆锥扫描				
扫描周期/s	1.899				
运行模式	不间断				
天线直径/m	1.9				
质量/kg	306				
电源/W	295				

11.2.5 GCOM-W1 微波辐射计套装

GCOM-W1 是全球变化观测任务(GCOM)项目(全球变化观测任务 2009)指定的第一颗卫星。该项目延长和扩展了之前的地球观测系统计划 EOS Aqua(2002—2011)和 ADEOS-Ⅱ(2002—2003)。卫星及载荷参数如表 11.1 所示。

这颗卫星的主要仪器是 AMSR-2(高级微波扫描辐射计),参数如表 11.5 所示。该辐射计可获取以下地球物理参数:大气总水汽含量、云中液态水含量、近表层风速、海表温度、降水、冰密集度、陆地积雪厚度和土壤湿度。图 11.2 显示了在其主反射面展开时的辐射计套装 AMSR-2。

表 11.5 AMSR-2 辐射计参数(用户手册 2013)

频率/GHz	6.925 (7.3)	10.65	18.7	23.8	36.5	89
极化/V/H	V, H	V, H	V, H	V, H	V, H	V, H
敏感度/K	0.34 (0.43)	0.7	0.7	0.6	0.7	1.2
带宽/MHz	350	100	200	400	1000	3000
波束宽度/°	1.8	1.2	0.65	0.75	0.35	0.15
空间分辨率/km	62×35	42×24	22×14	26×15	12×7	5×3
幅宽/km	1450					
扫描方式	圆锥扫描					
扫描周期/s	1.5					
运行模式	不间断					
探测角/°	47.5					
入射角/°	55					
天线直径/m	2					
质量/kg	405					

图 11.2　AMSR-2 辐射计套装（用户手册 2013）（见彩图）

11.2.6　俄罗斯 Meteor-M 2 号卫星 R MTVZA-GY 辐射计套装

俄罗斯于 2009 年 9 月发射了 Meteor-M1 号卫星（轨道参数见表 11.1），2014 年 7 月 8 日发射了 Meteor-M2 号卫星。其搭载的多光谱光学和红外设备 MTVZA-GY（多通道大气和湿度探测仪）扫描仪/探测仪用于大气剖面和海洋/陆地表面探测（Boldyrev et al,2008）。该辐射计（图 11.3）是 Meteor-3M MTVZA 辐射计和 Sich-1M MTVZA-OK 辐射计的改进。MTVZA-GY 的主要战术和技术特征见表 11.6。表 11.7 给出了其辐射通道的参数。图 11.4 展示了 Meteor-M 2 号卫星搭载的 MTVZA-GY 第一次全球观测结果。

图 11.3　MTVZA-GY 微波扫描仪/探测仪（Boldyrev et al,2008）（见彩图）

表 11.6　MTVZA-GY 扫描仪/探测仪的特性

频率/GHz	10.6, 18.7, 23.8, 31,5, 36.7, 42, 48, 52～57, 91, 183.31
空间分辨率/km	
水平分辨率	198～16
垂直分辨率	7～1.5

续表

幅宽/km	1500
扫描方式	圆锥扫描
扫描周期/s	2.5
运行模式	不间断
探测角/°	53.3
入射角/°	65
输出数据量/(KB·s^{-1})	35
质量/kg	94
电源/W	80

表 11.7　MTVZA-GY 辐射计通道参数

通道数	频率/GHz	通道数量	带宽/MHz	灵敏度/K	极化(V 或 H)
1	10.6	1	100	0.06	V
2	10.6	1	100	0.06	H
3	18.7	1	200	0.05	V
4	18.7	1	200	0.05	H
5	23.8	1	400	0.04	V
6	23.8	1	400	0.04	H
7	31.5	1	1000	0.05	V
8	31.5	1	1000	0.05	H
9	36.7	1	1000	0.06	V
10	36.7	1	1000	0.06	H
11	42	1	1000	0.07	V
12	42	1	1000	0.07	H
13	48	1	1000	0.07	V
14	48	1	1000	0.07	H
15	52.80	1	400	0.08	V
16	53.30	1	400	0.08	V
17	53.80	1	400	0.08	V
18	54.64	1	400	0.08	V
19	55.63	1	400	0.08	V
20	57.290344±0.3222±0.1	4	50	0.12	H
21	57.290344±0.3222±0.05	4	20	0.2	H
22	57.290344±0.3222±0.025	4	10	0.3	H
23	57.290344±0.3222±0.01	4	5	0.45	H
24	57.290344±0.3222±0.005	4	3	0.5	H

续表

通道数	频率/GHz	通道数量	带宽/MHz	灵敏度/K	极化(V 或 H)
25	91.655	2	2500	0.04	V
26	91.655	2	2500	0.04	H
27	183.31±7.0	2	1500	0.08	V
28	183.31±3.0	2	1000	0.1	V
29	183.31±1.0	2	500	0.15	V

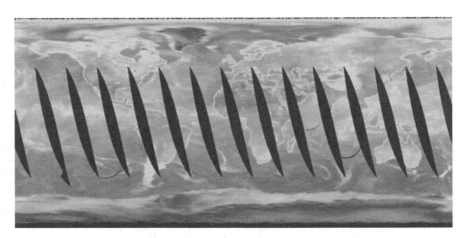

图 11.4　2014 年 7 月 31 日墨卡托投影的 36.5 GHz(垂直极化)全球亮温观测分布
(网址:http://www.vniiem.ru/)(见彩图)

11.3　用 MCW 辐射计资料研究海洋—大气热力和动力相互作用特征

11.3.1　信息存档和传播中心遥感数据的处理

在本节中将追溯自 Grankov 和 Milshin(2004)一文发表以来信息技术的发展。

目前,利用 SSM/I、SSMIS、TMI、MTVZA、AMSU、MHS、WindSat 和 AMSR-2 空间辐射计,可以获得大气、海洋、冰冻圈和陆地参数的全球分布。表 11.8 给出了从卫星 MCW 辐射测量中获取的参数及其精度,该表是对 Kondratév 等(1992)、DMSP 计划(2005)、海军极化微波辐射计(2006)、Jones 等(2007)、全球变化观测任务(2009)、Grankov 和 Milshin(2010)、AMSR-2 用户手册(2013)等资料汇总的结果。

表 11.8 中所列参数的反演时效接近实时。通过简单而有效的算法,保证了处理的高效性。通常,所反演的参数是由具有不同加权系数的各种辐射通道测量的亮度温度的线性组合确定的(Alishouse et al,1990;Pulliainen et al,1996;Comiso et al,1997;Milshin et al,1998)。这种情况在 20 世纪 80 年代末和 90 年代初是典型的。在随后的几年里,反演地球物理参数(例如海洋表面温度、近地表风速、空气温度、湿度、感热和潜热和动量的垂向湍流通量、大气中的总水汽含量、云中的液态水含量)的算法不断改得到进,同时使用了大量直接测量数据进行测试和验证。

表 11.8　0.25°×0.25°分辨率情况下 MCW 辐射计反演的地球物理参数的主要特征平均值

	参数	范围	精度	绝对误差
1	亮温/K	2.7～340	0.01	±(1-1.5)
2	海表温度/℃	0～35	0.15	±(0.5-1)
3	风速/(m·s^{-1})	0～50	0.2	±(1-2)
4	风向/°	0～360	1.5	±(20-25)
5	云水含量/mm	0.05～2.45	0.01	±0.05
6	大气水汽含量/mm	0～75	0.3	±(0.2-0.35)
7	海区降水量/(mm·h^{-1})	0～0.25	0.1	±5
8	大气温度廓线/K	180～335	—	1.0-2.5
9	大气湿度廓线/(g·cm^{-3})	0～3	—	0.2
10	0～2 cm 深度层土壤湿度/(g·cm^{-3})	0～0.5	0.1	±0.1
11	近地面大气温度/K	240～340	1	±(1-4)
12	总热通量(感热＋潜热)/(W·m^{-2})	0～1000	50	±100
13	海冰密集度/%	0～100	5	±10
14	冰厚/cm	0～100	1	±20
15	地表分类	13 类		

后来随着卫星 MCW 辐射测量系统在 11 GHz 和 7 GHz 的频率下工作,对海表温度、土壤湿度和植被吸收因子(生物量)的反演成为可能。此外,在利用毫米和厘米波段卫星微波辐射测量确定海表温度、近表层大气温度和湿度方法方面也取得了进展。这也促进了近表层感热和潜热垂向湍流通量反演方法的发展。

美国科学中心积累了大量的 MCW 辐射数据,包括:

(1)辐射计的天线和亮度温度值:1978 年以来的 SMMR、1987 年以来的 SSM/I、1994 年以来的 SSM/T-1、1993 年以来的 SSM/T-2、1997 年以来的 TMI、2002 年以来的 AMSR-E、AMSU 和 MHS、2003 年以来的 SSMIS、2003 年以来的 WindSat 和 2012 年以来的 AMSRE-2。

(2)近地表风速、大气水汽总量、云层含水量、降水量、1987 年以来降水强度、冰特征的日、三天和月平均值。

(3)自 1987 年以来的地表分类类型。

11.3.2　针对 SOA 界面中热力和动力过程特点研究的卫星 MCW 辐射数据处理

利用卫星 MCW 和 IR 数据分析感热、潜热和动量垂向湍流通量的尝试由来已久。然而直到 1987 年搭载了 SSM/I 辐射计的 DMSP F-08 卫星发射之后,才取得有效进展。

在后续几节中,将根据多年来最重要的全球通量绘制项目,研究卫星 MCW 辐射测量方法在这些研究中的作用。这些项目的重要目标是创建描述 SOA 参数空间和时间变化特性的资料集。因此,有必要同化大量不同的卫星和地球真实数据。

11.3.3　全球海气通量资料集:海洋和大气的日、月平均通量和参数

在 NOAA 和 NASA 的财政支持下,伍兹霍尔海洋研究所(WHOI)完成了客观分析海气

通量资料集项目(OAFlux)。该资料集包含了从1958年至今收集的数据。自1958年以来,全球参数的日平均和月平均场沿经纬度以1°×1°的空间分辨率呈现。自1987年以来,数据资料集一直基于卫星测量。

OAFlux资料集包含以下参数:感热通量、潜热通量、总热通量和动量通量;蒸发量;10 m高度的风速、纬向和经向分量;2 m高度的空气比湿和温度,以及海洋表面温度。该资料集是根据DMSP F-08、F-10、F-11、F-13、F-14和F-15系列卫星上搭载的SSMI辐射计、Quik-SCAT卫星上海面风场散射计、EOS Aqua卫星上AMSR-E辐射计和NOAA卫星上AVHRR辐射计的数据制作的。

从网站http://oaflux.whoi.edu/index.html,可看到OAFlux资料集中全球月平均热通量的分布。

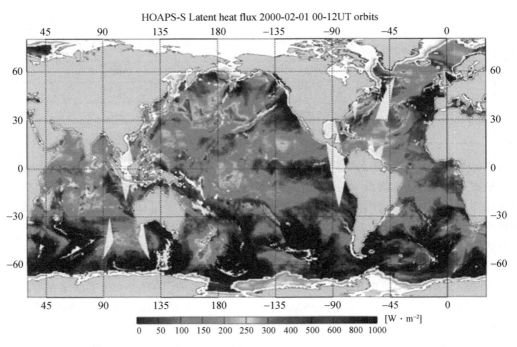

图11.5　HOADS-3.2 12 h时间分辨率潜热通量全球分布资料集(http://www.hoaps.org/)(见彩图)

11.3.4　全球 HOAPS 资料集:大气海洋通量和参数的月平均

HOAPS全球资料集(来自卫星数据的Hamburg大气海洋参数和通量)是由汉堡大学普兰克气象研究所创建的(Andersson et al,2010)。HOAPS资料集覆盖80°N、180°W、−80°S、180°E区域,空间分辨率为0.5°×0.5°,包括以下参数:近表层空气比湿、大气总水汽含量、近表层风速、道尔顿数、感热通量、地球辐射、蒸发率、降水率。感谢作者之一Joerg Schulz博士使得本书作者熟悉了1987—1988年版本的HOADS资料集。图11.5给出了12 h分辨率潜热通量的全球分布。潜热的日变化超过其年平均值的2倍以上。

11.3.5　全球 J-OFURO 资料集:大气海洋通量和参数的月平均

日本东海大学海洋科学技术学院(Kurihara et al,2003)创建了J-OFURO资料集(利用遥感观测的日本海洋通量数据集(1998—2008 年),并随后提供了支持。日和月平均参数沿纬度和经度以 $1° \times 1°$ 的空间分辨率表示。资料包括地表感热通量、潜热通量和总热通量,10 m 高度动量通量的纬向和经向分量,以及该高度的空气湿度。

J-OFURO 资料集制作时同样采用了 DMSP F-08、F-10、F-11、F-13、F-14 和 F-15 系列卫星上搭载的 SSMI 辐射计、QuikSCAT 卫星上海面风场散射计、EOS Aqua 卫星上 AMSR-E 辐射计和 NOAA 卫星上 AVHRR 辐射计的数据;此外还采用了 NCEP/DOE 海气温度再分析资料、JMA MGDSST 海表温度数据(日本气象局对卫星遥感以及全球现场海表温度进行融合的产品)

11.3.6　卫星 MCW 数据资料集

在这一部分中,简要介绍了我们实验室中使用的卫星数据资料集。20 年前,我们首次处理 DMSP F-08 卫星 SSM/I 辐射计测量到的天线温度文件。这些文件是由 Petrenko 博士转交的;他从 Frank Wentz 领导的 RSS 公司(加利福尼亚)那里获得了这些数据。1997 年,我们又从美国宇航局马歇尔航天飞行中心(MSFC)获得了大量资料。

目前,这些资料主要包括来自 DMSP SSM/I 辐射计、TRRM TMI 辐射计和 EOS Aqua AMSR-E 辐射计的数据。其中包括 1978—1996 年期间雨云 7 号、DMSP F-08 号、F-10 号、F-11 号、F-13 号和 F-14 号卫星的测量结果,以资料集形式保存。后来(1996—2008 年),通过互联网从美国宇航局中心以及俄罗斯航天局组织又获得了一些卫星数据。再后来,资料集中又增加了 AMSR-E(2002—2011 年)和 WindSat(2002—2010 年)的数据。

20 世纪 90 年代,以遥测信号和天线温度的形式记录了卫星 MCW 辐射数据。但由于文件容量大导致结构太复杂,因此难以将卫星初始信息转换为与观测地理像元匹配的天线温度或亮度温度。在此之后,就有必要进行二次(或专题)处理。

对于海洋与大气相互作用问题,已经有以下组织参与了相关研究:Kotelnikov 无线电工程与电子研究所(Dr. Alexander Grankov,laboratory),Shirhsov 海洋研究所(Dr. Sergey Gulev,laboratory),空间研究所(Space Research Institute of RAS,系主任 Dr. Eugene Sharkov)、Il′ichev 太平洋海洋研究所(实验室负责人为 Leonid Mitnik 博士)、俄罗斯航天局部门(负责人为 Igor Chernii 博士)、RosHydromet 中心(负责人为 Jurii Resnyanskii)、水问题研究所(实验室负责人为 Gennadii Panin)。

11.4　结论

对 DMSP、TRMM、Coriolis、GCOM-W1 和 Meteor-M 卫星上的 MCW 辐射计 SSM/I、SSMIS、TMI、WindSat、AMSR-2 和 MTVZA-GY 的特征分析表明,近 $20 \sim 25$ a MCW 辐射计有多频率、多极化和多扫描的测量趋势。同时,不同的 MCW 辐射测量系统(它们的频率、传感器灵敏度、带/测量宽度、扫描方法、空间分辨率)有明显的趋于一致性(相似性)。

扫描仪、探测仪和散射计,如 SSMIS、MTVZA 和 WindSAT 已经出现。此外,MCW 辐射计中 7 GHz 和 11 GHz 频率的出现,允许人们从 TMI、AMSR-2 和 MTVZA-GY 卫星上探测海表温度和土壤湿度。同时,测量义幅宽度从 1400 km 增加到 1700 km,使得 $2 \sim 3$ d 即可实现全球观测。卫星 MCW 辐射计在海洋—大气热相互作用任务中的重要性由于使用毫米波长范围的辐射计的出现而增强。可能研究中最重要的发现是利用水汽共振线波段微波可遥感表层通量。

卫星 MCW 辐射计技术的改进使其寿命增加到 14 a。卫星 MCW 辐射数据的积累资料集使我们能够进行为期 35 a 的海洋—大气热相互作用的气候研究。然而，利用卫星 MCW 辐射计资料分析海洋—大气界面的天气过程方面仍然存在问题。

参考文献

Alishouse J C，Snyder S A，Vongsatorn J，et al，1990. Determination of oceanic total precipitated water from the SSM/I. J Geophys Res 5：811-816.

Andersson K，Fennig K，C. Klepp C，et al，2010. The Hamburg Ocean Atmosphere Parameters and Fluxes from Satellite Data-HOAPS-3. Earth Syst. Sci. Data 2：215-234.

Boldyrev V V，Il'gasov P A，Pantsov V Ju，et al，2008. Microwave scanner/sounder Meteor-M No. 1 MTVZA—GY. Problems of electromechanics 107：22-25，Russian.

Comiso J C，Cavalieri D，Parkinson C，et al，1997. Passive microwave algorithms for sea ice concentrations. Remote Sens. of the Environment 3：357-384.

Defense Meteorological Satellite Program(DMSP)(1997)(Satellite Source/Platform Document). NOAA Satellite Active Archive.

Defense Meteorological Satellite Program Special Sensor Microwave Imager Sounder(F16) Calibration/Validation Final Report，vol 1(2005). Prepared by SSMIS Cal/Val Team.

Global Change Observation Mission：Second Research Announcement SGLI on GCOM-C1. Algorithm development，fundamental data acquisition and validation preparation，and application study(2009). Earth Observation Research Center，Japan Aerospace Exploration Agency.

Grankov AG，Milshin AA(2004) Relation between natural microwave radiation of the ocean—atmosphere system with the boundary heat and dynamic interaction. Nauka，Moscow In Russian.

Grankov AG，Milshin AA(2010) Microwave radiation of the ocean-atmosphere：boundary heat and dynamic interaction. Springer Dordrecht Heidelberg London New Jork.

Hollinger PH，Peirce JL，Poe GA(1990) SSM/I instrument evaluation. IEEE Trans. Geosci Rem Sensing 5：781-790 http://www. hoaps. org/http://www. vniem. ru/.

Jones LA，Kimball JC，McDonald KC et al. (2007) Satellite microwave remote sensing of boreal and arctic soil temperatures from AMSR-E. IEEE Trans Geosci Rem Sensing 7：2004-2018.

Kondrat'ev KYa，Buznikov AA，Pokrovskii OM(1992) Global ecology：Remote sensing. Atmosphere，ocean，space~"Razrezy" program. VINITY，Moscow In Russian.

Kurihara Y，Sakurai T，Kuragano T(2003) Global daily sea surface temperature analysis using data from satellite microwave radiometer，satellite infrared radiometer and in—situ observations. Weath Bulletin 73：1-18.

Milshin AA，Grankov AG，Shelobanova NK(1998) Seasonal dynamics of sensible and latent heatfluxes under various levels of the forest fire danger at different geographical regions(SMMR)：brightness temperature data(SMMR Level 1B Pathfinder). JPL Publication，Jet Propulsion Laboratory，Pasadena，CA.

Pulliainen J，Grandell J，Hallikainen M(1996) SSM/I-based surface temperature retrieval methods for boreal forest zone. IGARSS'96，Burham Yates Conference Center，Lincoln，Nebraska，USA.

Remote Sensing Applications. Putting NASA's Earth Science to Work(1998). Raytheon Systems Company，Mariland.

Special Sensor Microwave Imager and Sounder(SSMIS) Antenna Brightness Temperature Data Record(TDR)

Calibration and Validation(2007). User Manual. Center for Satellite Applications and Research NOAA/NESDIS.

Tropical Rainfall Measuring Mission(TRMM) Senior Review Proposal(2007). NASA,GSFC US navy polarimetric microwave radiometer. WindSat data products. Users manual. Version 3. 0(2006). D-29827. JPL,California Institute of Technology.

关键术语

大气边界层（ABL）：上边界为 1500 m（850 mb）的大气湍流层。

自由大气层：位于 ABL 上方的大气层。

近地表大气：较低（10 m）的空气层。

海洋边界层（OBL）：上层海洋层（几十米），它直接作用于与大气的能量交换。

季节变化：具有年韵律及其谐波成分的变化。

天气变化：大气从几小时到几天不等的变化过程。

中尺度气象变化：大气从几分钟到几小时不等的变化过程。

缩写词

MCW	微波波长范围
IR	红外波长范围
cm	厘米波长范围
mm	毫米波长范围
BT	亮度温度
HP	水平极化
VP	垂直极化
SOA	大气海洋系统
EAZO	海洋能量活跃区
R/V	研究船

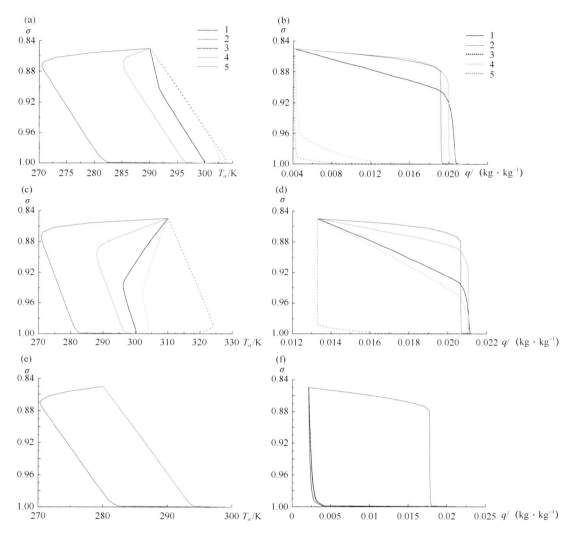

图 5.1 ABL 内中性(a,b)、稳定(c,d)、不稳定(e,f)背景层结和不同热量
传输条件下大气温度(a,c,e)和比湿(b,d,f)的垂直廓线。图例中的
曲线数字与表 5.1 中相应编号的行中各参数集相对应

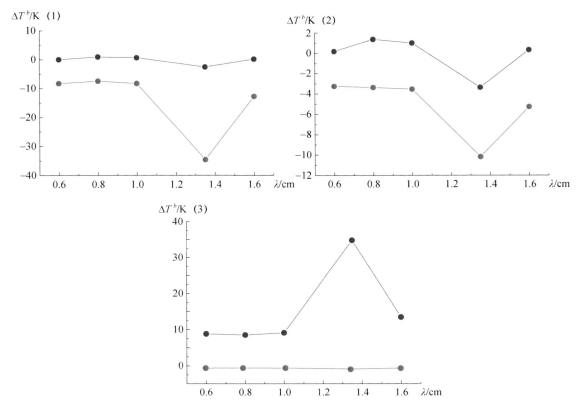

图 5.2 不同波长下背景场(ABL 中无平流)与冷平流(蓝色线条)和暖平流
(红色线条)的亮温差 ΔT^b,其中(1)～(3)分别表示中性、不稳定和
稳定的 ABL 层结条件(引自 Grankov et al,2014)

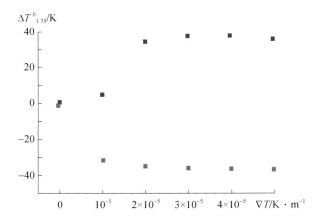

图 5.3 1.35 cm 波长处亮温差与 ABL 中空气温度水平(纬向)梯度对比

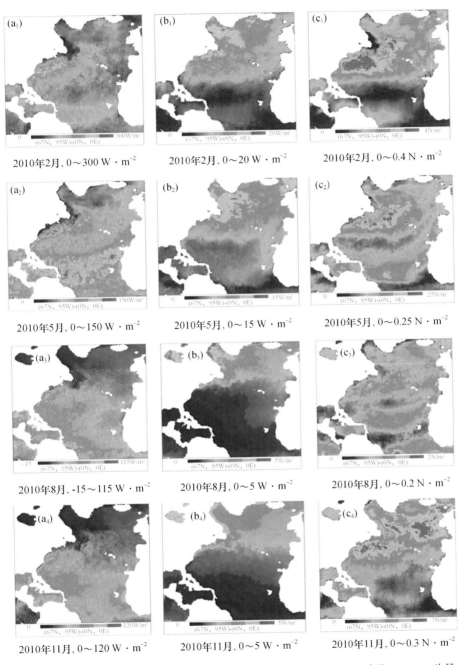

(a₁) 2010年2月，0～300 W·m⁻²
(b₁) 2010年2月，0～20 W·m⁻²
(c₁) 2010年2月，0～0.4 N·m⁻²

(a₂) 2010年5月，0～150 W·m⁻²
(b₂) 2010年5月，0～15 W·m⁻²
(c₂) 2010年5月，0～0.25 N·m⁻²

(a₃) 2010年8月，-15～115 W·m⁻²
(b₃) 2010年8月，0～5 W·m⁻²
(c₃) 2010年8月，0～0.2 N·m⁻²

(a₄) 2010年11月，0～120 W·m⁻²
(b₄) 2010年11月，0～5 W·m⁻²
(c₄) 2010年11月，0～0.3 N·m⁻²

图 8.1　2010 年北大西洋海气通量月平均值：a₁—a₄.潜热，b₁—b₄.感热，c₁—c₄.动量

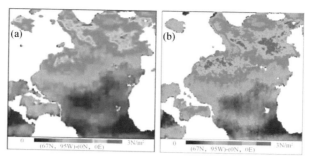

图 8.2　动量通量的空间分布图:(a)未考虑风速修正,(b)考虑风速修正

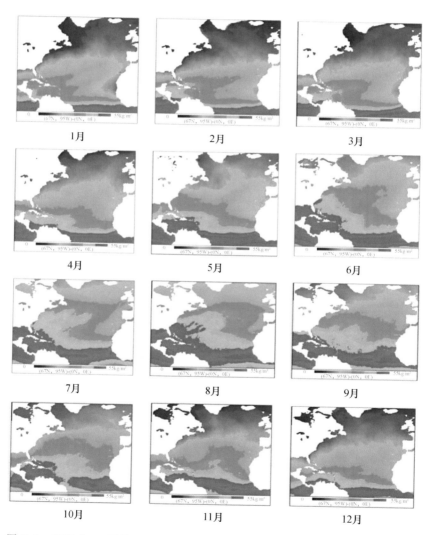

图 8.4　EOS-Aqua 卫星 AMSR-E 辐射计数据测得的 2010 年北大西洋大气水汽
总含量空间分布(月平均值)

图 10.3 测量组合平台（左）和扫描平台（右）

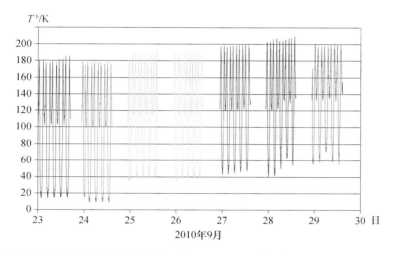

图 10.4 显示了戈卢巴亚湾发生风暴之前的 9 月 23—30 日，波长为 1.35 cm 垂直扫描仪器测量到的大气亮度温度（风暴中心于 2010 年 10 月 1 日经过测量组合平台）。从图 10.4 可以看出在此期间观察到亮温增加的最大值和最小值，分别记录在旋转平台 0° 和 90° 的位置

图 11.1 SSMISMCW 扫描/探测仪

图 11.2　AMSR-2 辐射计套装（用户手册 2013）

图 11.3　MTVZA-GY 微波扫描仪/探测仪（Boldyrev et al，2008）

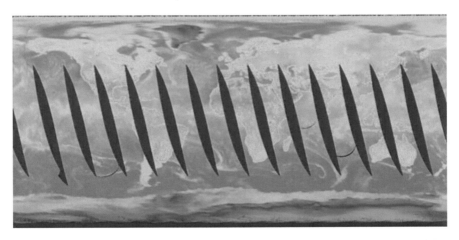

图 11.4　2014 年 7 月 31 日墨卡托投影的 36.5 GHz（垂直极化）全球亮温观测分布
（网址：http://www.vniiem.ru/）